Beherrschbarkeit von Cyber Security, Big Data und Cloud Computing

Udo Bub · Klaus-Dieter Wolfenstetter
(Hrsg.)

Beherrschbarkeit von Cyber Security, Big Data und Cloud Computing

Tagungsband zur dritten EIT ICT
Labs-Konferenz zur IT-Sicherheit

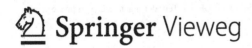
Springer Vieweg

Herausgeber
Udo Bub
Klaus-Dieter Wolfenstetter

Berlin
Deutschland

ISBN 978-3-658-06412-9   ISBN 978-3-658-06413-6 (eBook)
DOI 10.1007/978-3-658-06413-6

Die Deutsche Nationalbibliothek verzeichnet diese Publikation in der Deutschen Nationalbibliografie; detaillierte bibliografische Daten sind im Internet über http://dnb.d-nb.de abrufbar.

Springer Vieweg
© Springer Fachmedien Wiesbaden 2014

Springer Vieweg ist eine Marke von Springer DE. Springer DE ist Teil der Fachverlagsgruppe Springer Science+Business Media
www.springer-vieweg.de

Vorwort

Vor Ihnen liegt der dritte Tagungsband in einer Reihe von Konferenzen zur IT-Sicherheit.

Die erste Konferenz vom November 2008 stand unter dem Thema *„Sicherheit und Vertrauen in der mobilen Informations- und Kommunikationstechnologie"*, auf diese folgte im Februar 2011 eine Konferenz zur *„IT-Sicherheit zwischen Regulierung und Innovation"*.

Die dritte und jüngste Konferenz behandelte das Thema *„Beherrschbarkeit von Cyber Security, Big Data und Cloud Computing"*. Die in diesem Titel genannten Felder umfassen jeweils sowohl technische als auch wirtschaftliche und politische Aspekte und werfen gerade wegen ihrer umfassenden und komplexen Natur die Frage nach der Beherrschbarkeit auf. Ein richtiger und wichtiger Schritt hin zu dieser Beherrschbarkeit stellt der Dialog und die intensive Kooperation zwischen Staat, Wirtschaft und Wissenschaft dar. Aus dieser Erkenntnis heraus haben wir, wie in den vergangenen Konferenzen, bekannte kompetente Entscheidungsträger eingeladen – mit der Maßgabe, ihre Erkenntnisse und Positionen zu erklären. Die Aktualität der Themen und die Frage nach deren Beherrschbarkeit wurden durch die Veröffentlichung der Aktivitäten staatlicher Nachrichtendienste vom Sommer 2013 weiter begründet und bestätigt. Diese teils schockierenden Veröffentlichungen führten naturgemäß zu engagierten Diskussionen unter den fachkundigen Konferenzteilnehmern, denen es um Verstehen und Verständnis der Vorgänge ging, und die nach ersten Antworten suchten. Nach Antworten, auf die wir heute noch warten.

Dieses Buch ist eine Zusammenfassung der Präsentationen und Diskussionen der Konferenz, die am 19. September 2013 im Berliner Co-Location Center des European Institute for Technology, den EIT ICT Labs, stattfand.

Die Konferenz wurde durch eine Podiumsdiskussion, auch unter lebhafter Beteiligung des Publikums, abgerundet.

Alle Vorträge wurden mitgeschnitten, transkribiert, redigiert und schließlich von den Autoren zur Veröffentlichung freigegeben. So erklärt sich das ein wenig heterogene Erscheinungsbild der Beiträge im Buch, andererseits wirken diese dadurch sehr lebendig und originär.

Die Herausgeber bedanken sich bei allen Rednern, Teilnehmern und Interessenten der Konferenz, bei allen Lesern dieses Buchs und dem Organisationsteam der EIT ICT Labs, insbesondere bei Hanneke Riedijk, in deren Händen die Vor- und Nachbereitung der Konferenz lag.

Berlin, Mai 2014   die Herausgeber Udo Bub und Klaus-Dieter Wolfenstetter

Einleitung

Herzlich willkommen bei den EIT ICT Labs zur 3. Sicherheitskonferenz, die von Klaus-Dieter Wolfenstetter und mir herausgegeben wird. Ich darf Sie begrüßen als Gastgeber. Ich bin Geschäftsführer der EIT ICT Labs Germany GmbH. Das ist ein Begriff, der in dieser Form ein bisschen neu ist für Sie. Das EIT (European Institute of Innovation and Technology) ist eine Neugründung und hat drei Ausprägungen. Die Ausprägung zur Informations- und Kommunikationstechnologie (ICT) repräsentieren wir. Sie befinden sich heute im sogenannten Co-Location Center dieser EIT ICT Labs. Herzlich willkommen!

Wir sind heute zum dritten Mal in diesem Format zusammen. Um das Thema Sicherheit und den Dialog zu Sicherheit neu zu gestalten, haben wir ein besonderes Format gewählt, nämlich in gewissen Zeitabständen wenn möglich die gleichen Leute zu fragen: „Was sind die aktuellen Themen? Wie sieht der Dialog aus? Wie muss der Dialog gestaltet werden, zwischen Politik, zwischen Wirtschaft und Akademia – den Universitäten?" Und genau das werden wir heute wieder tun.

Und ich weiß, dass auch viele der Teilnehmer zum wiederholten Male hier sind. Wir haben den Teilnehmerkreis kupiert, in dem Sinne, dass wir diese Tagung gar nicht so öffentlich ausgeschrieben haben, sondern gezielt diejenigen eingeladen haben, die sich mit unserem heutigen Thema beschäftigen – also Sie.

Gerne möchte ich die Gelegenheit nutzen, einige Feinheiten der EIT darzulegen, weil das relevant ist für viele Dinge, die wir gemeinsam in der Zukunft machen können. Das EIT ist ein neues Förderinstrument der Europäischen Kommission. Es beruht aber nicht ausschließlich auf öffentlichen Fördergeldern.

Es handelt sich um eine institutionalisierte Förderung. Das EIT ist ein Institut und fokussiert auf drei Kategorien in der Förderung bzw. im Arbeitsprogramm. Das gibt es in Europa sonst nirgendwo – dass man gleichzeitig die Lehre, die Forschung, aber auch den Transfer zum Business, also den wirtschaftlichen Impact, integriert betrachtet. Alle Projekte, die wir machen, haben Komponenten aus diesen drei Größen. Wir nennen das *Knowledge Triangle*. Dieses Dreieck prägt maßgeblich unsere DNA.

Wir sind in sechs Ländern tätig. Diese Internationalität spielt eine besondere Rolle, da wir beobachtet haben, dass der gesamte europäische Markt zwar als einheitlicher Markt beschrieben wird, de facto aber doch noch sehr fragmentiert ist. Viele Geschäftsideen sind auf lokale Märkte beschränkt. Eine Internationalisierung, wie sie in anderen Ländern, gerade im angloamerikanischen Bereich gang und gäbe ist, ist bei uns immer ein bisschen schwieriger. Ein Teil unseres Arbeitsprogramms, gerade beim Transfer to Business, ist eben gerade diese Defragmentierung. Vieles, was wir zum Beispiel in Deutschland tun, könnte auch in Frankreich oder in Italien oder in Finnland gemacht werden und umgekehrt. Hier sind wir also und katalysieren dieses Programm.

Das EIT-Funding beträgt 2014 voraussichtlich zwischen 65 und 75 Millionen Euro zum Thema IKT, an non-EIT Funding verantworten wir etwa dreifache. Damit können wir mit unseren Aktivitäten hohen Impact generieren. Heute wollen wir überlegen, wie wir das verstärkt für das Thema Sicherheit und Datenschutz verwenden können.

Sie befinden sich hier in einem so genannten Co-Location Center, die es in sechs europäischen Städten gibt. Neben Berlin haben wir weitere Co-Location Center in Helsinki, in Otaniemi, in Espoo – ein High Tech Hotspot und Business-Park, wo insbesondere Nokia ansässig ist, aber auch sehr viel Kreativpotenzial durch Universitäten und Start-ups vorhanden ist. Weitere Standorte sind Stockholm, Kista und Eindhoven, zusammen mit der Firma Philipps, in Paris mit mehreren Playern wie Orange oder Alcatel-Lucent und in Trient auch mit Telekom Italia und weiteren Universitäten.

Assoziierte Lokationen sind London, Madrid und Budapest. Mit diesem Mix decken wir im Wesentlichen die größten Märkte zum Thema IKT ab.

Unsere Partner hier in Deutschland sind z. B die Deutsche Telekom, die auch hier im Gebäude ihren Sitz für die Forschung und Entwicklung hat. Die Firma Siemens ist aktiv bei uns, ebenso die SAP – also die drei großen IKT-Player in Deutschland. Die TU Berlin, das Deutsche Forschungszentrum für Künstliche Intelligenz und die Fraunhofer-Gesellschaft sind auch Kernpartner bei uns. Des Weiteren haben wir Partnerschaften mit den großen deutschen technischen Universitäten. Ein ähnliches Bild gibt es in den anderen Ländern, sodass wir mit unseren insgesamt 80 Partnern wirklich etwas bewegen können.

Als gutes Beispiel für die schon erwähnte Verzahnung von Lehre und Ausbildung mit beruflicher Qualifikation und Forschung verweise ich auf den *Software Campus*. Mit dieser Initiative bieten wir künftigen Führungskräften mit betriebswirtschaftlichem oder juristischem Hintergrund eine Weiterqualifizierung in technologischen oder ingenieurwissenschaftlichen Fächern an. Der Austausch zwischen den Disziplinen ist doch umso effizienter, je mehr wir von den jeweils anderen Bereichen wissen.

Mit der heutigen Konferenz zum Thema IT-Sicherheit möchten wir den Dialog fördern, wir wollen Politik, Wirtschaft und Wissenschaft zusammenbringen und den neusten Stand eruieren.

Ich freue mich auf das, was jetzt kommt. Wir werden spätestens bei der Podiumsdiskussion das Format sehr, sehr interaktiv haben.

Udo Bub

Inhaltsverzeichnis

Die Herausgeber

Dr. Udo Bub studierte und promovierte im Fach Elektrotechnik und Informationstechnik an der Technischen Universität München. Während dieser Zeit hatte er langfristige Forschungsaufenthalte an der School of Computer Science der Carnegie Mellon University in Pittsburgh, PA, USA und im Bereich Corporate Technology der Siemens AG in München. Daraufhin war Udo Bub sechs Jahre als Management- und Technologieberater auf dem IKT-Markt tätig. Seit Gründung der Deutsche Telekom Laboratories 2004 ist er dort Mitglied des Leitungsteams und als Bereichsleiter zuständig für F&E zu Mensch-Computer-Interaktion, IKTArchitektur, IKT-Infrastruktur und IKT-Sicherheit. 2007 übernahm er zusätzlich die Position des Geschäftsführers beim European Center for Information and Communication Technologies (EICT) GmbH. Außerdem ist Udo Bub seit 2010 als Node Director Konsortialleiter des deutschen Knotens der EIT ICT Labs im Rahmen des European Institute of Innovation and Technology (EIT).

Klaus-Dieter Wolfenstetter ist bei den Deutsche Telekom Laboratories in der Sicherheitsforschung tätig. Er befasst sich seit vielen Jahren mit der Informationssicherheit und dem Datenschutz. An den Sicherheitsmerkmalen und -verfahren der globalen digitalen Mobilkommunikation GSM war er maßgeblich beteiligt, ebenso an der Erarbeitung des wegweisenden Standards CCITT X.509 „Authentication Framework". Er ist Autor und Herausgeber des Standardwerks „Handbuch der Informations- und Kommunikationssicherheit" sowie weiterer Fachbücher über Kryptografie und Sicherheitsmanagement. Zuletzt war er an der Entwicklung und Förderung der elektronischen Identifizierungsfunktion des neuen Personalausweises beteiligt.

Verantwortung zwischen Gesetzgebung und Wirtschaft

Martin Schallbruch

Sie haben sich Beherrschbarkeit zum Thema dieser Tagung gewählt. Das finde ich eine gute Überschrift für die Fragestellung, mit der wir es im Augenblick zu tun haben. Wir haben tagtäglich, Herr Bub hat das in seiner Einführung ja schon erwähnt, schwerwiegende IT-Sicherheitsvorfälle. Wir haben tagtäglich neue Diskussionen zu der Frage: was kann heute 100 %ige, 90 %ige, 80 %ige Sicherheit sein? Wer ist Garant für IT-Sicherheit? Wer ist in der Lage, Systeme zu brechen? Auf was verlassen wir uns? Auf was können wir uns verlassen? Diese technische Diskussion hat mittlerweile sehr starken Einfluss auf die politische Diskussion.

Wenn es um die Beherrschbarkeit der IT geht, dann hat auf meiner persönlichen Agenda vor allen Dingen die Beherrschbarkeit des Schutzes der kritischen Infrastrukturen einen besonderen Stellenwert. Wir haben im letzten Jahr sehr intensiv die Aufstellung der kritischen Infrastrukturen in Deutschland betrachtet, also aller Bereiche, die für das Funktionieren unseres Landes von besonderer Bedeutung sind: vom Gesundheitswesen über die Energieversorgung, die Telekommunikation bis zu Handel, Lebensmittelversorgung oder natürlich der öffentlichen Verwaltung. Bundesinnenminister Dr. Friedrich hat die Spitzen der Branchen eingeladen und die Gespräche alle selbst geführt. Die Ergebnisse waren in der Gesamtsicht für mich eher beunruhigend – und zwar wegen der Heterogenität der Ergebnisse: Einerseits gibt es Branchen, die sich aufgestellt haben und das Risikomanagement in allen Unternehmen so organisiert haben, dass die IT-Sicherheit ausreichend berücksichtigt ist. Andererseits gibt es auch Branchen, die erst am Tisch des Bundesinnenministers innerhalb der Branche eine Diskussion über die Kritikalität von bestimmten Prozessen führen – also Fragestellungen, die für das Risikomanagement in einer kritischen Infrastruktur von großer Bedeutung sind.

M. Schallbruch (✉)
10559 Berlin, Deutschland
E-Mail: itd@bmi.bund.de

© Springer Fachmedien Wiesbaden 2014
U. Bub, K.-D. Wolfenstetter (Hrsg.), *Beherrschbarkeit von Cyber Security,
Big Data und Cloud Computing,* DOI 10.1007/978-3-658-06413-6_1

Ich bin dankbar, dass in allen Bereichen nun der Prozess des Nachdenkens angestoßen worden ist und in vielen Branchen vorangekommen ist. Aber dieser Prozess ist bei Weitem noch nicht zum Ende und ebenso, wie wir uns auf die Funktionsfähigkeit der Infrastruktur im Übrigen verlassen, auf den Straßenverkehr, auf die Energieversorgung, müssen wir uns auch auf die Funktionsfähigkeit der wichtigsten Cyber-Infrastrukturen verlassen können.

Das ist natürlich zunächst eine Aufgabe der Betreiber der kritischen Infrastrukturen, das ist aber auch eine Aufgabe des Staates. Ich war kürzlich bei einer Veranstaltung, bei der innerhalb der Wirtschaftsverbände diskutiert wurde über die Frage der Verantwortungsverteilung. Und da gab es eine interessante Wortmeldung eines Vertreters aus der Automobilwirtschaft, der darauf abstellte, sein Unternehmen sei an dem Standort hier erfolgreich und von diesem Standort aus erfolgreich, weil die Infrastrukturen, die Straßen, die Telekommunikation, die Energieversorgung funktionieren. Er erwarte nun dass die Infrastrukturen auch im Cyber-Bereich funktionieren, in gleicher Art und Weise, wie wir das gewohnt sind und wie wir das auch brauchen.

Wir haben als Folge der intensiven Diskussion mit den kritischen Infrastrukturen einen Gesetzentwurf für ein IT-Sicherheitsgesetz vorgelegt, den wir seit dem Frühjahr dieses Jahres beraten und den wir intensiv mit Verbänden, mit Ländern und den anderen Bundesressorts diskutieren. Dieser Entwurf konnte in der zu Ende gegangenen Wahlperiode des Deutschen Bundestages nicht mehr verabschiedet werden. Wir halten es für eine gute Erfahrung, die wir mit der Beratung dieses Gesetzentwurfes gemacht haben. Wir haben über 70 verschiedene sehr detaillierte Stellungnahmen bekommen. Das setzt uns in die Lage, zu Beginn dieser Wahlperiode des Deutschen Bundestages die Arbeit an dem Gesetz fortzuführen und zu beschleunigen.

Lassen Sie mich kurz auf die Schwerpunkte dieses Vorhabens·eingehen, die im Kern die Cyber-Sicherheit der kritischen Infrastrukturen betrifft. Zum einen halten wir es für erforderlich, dass Betreiber kritischer Infrastrukturen, ebenso wie in anderen technischen Bereichen, auch im Bereich der Cyber-Sicherheit, Mindestsicherheitsanforderungen beachten. Am besten wäre es, wenn solche Mindestsicherheitsanforderungen von den Unternehmen und den Unternehmensverbänden gemeinsam auf einem hohen Niveau erstellt werden. Solche Regelwerke gibt es in manchen Branchen schon, beispielsweise der Finanzwirtschaft. Wir halten es für sinnvoll, dass wir hier eine entsprechende Verpflichtung allen Branchen auferlegen, den Branchen aber die Möglichkeit geben, diese Verpflichtung selbst zu erfüllen. Klar ist, dass bis zu einem fixen Zeitpunkt die Mindestsicherheit hergestellt sein muss.

Der zweite Punkt: wir halten Meldepflichten für kritische Infrastrukturbetreiber bei schwerwiegenden IT-Sicherheitsvorfällen für notwendig. Das hängt damit zusammen, dass wir die Funktionsfähigkeit der kritischen Infrastrukturen insgesamt dann nicht mehr sicherstellen können, wenn über schwere Vorfälle keine Informationen an die zuständigen Aufsichtsbehörden gehen. Wir haben solche Meldepflichten praktisch in allen Bereichen kritischer Infrastrukturen für herkömmliche Sicherheitsvorfälle. Wir haben alleine in der Luftverkehrswirtschaft acht verschiedene Meldepflichten, aber eben nicht für Cyber-Angriffe. Natürlich muss man eine solche Meldepflicht auf schwerwiegende Sicherheitsvorfälle in kritischen Infrastrukturen beschränken, wie es in unserem Entwurf steht.

Wir haben jeden Tag Tausende von IT-Sicherheitsvorfällen. Wir haben beispielsweise in der IT der Bundesverwaltung jeden Tag viele Vorfälle, ohne dass dadurch die Funktionsfähigkeit der Kommunikation der Bundesverwaltung bedroht ist. Das ist bei den Unternehmen nicht anders. Um solche Angriffe muss man sich auch kümmern, hierfür braucht man ein IT-Sicherheitsmanagement, aber man braucht keine Meldepflicht. Hier setzen wir uns eher für eine freiwillige Meldung ein, damit wir eine breite IT-Sicherheitslage bekommen. Gesetzlich für geboten halten wir die Meldung der wirklich schwerwiegenden Vorfälle.

Drittens haben wir im Rahmen dieses Gesetzentwurfes eine besondere Verantwortung von Telekommunikations- und Telemediendiensteanbietern vorgesehen. Diejenigen, die den Zugang zum digitalen Raum ermöglichen, die haben aus unserer Sicht eine bestimmte Verantwortung kraft ihrer, ich will mal so sagen, Garantenstellung. Wer heutzutage im Internet einen Blumenshop betreibt, hat weniger Sorgfaltspflichten, als jemand, der hier in Berlin einen Blumenladen betreibt. Wenn ich den Blumenladen betrete und mir fällt ein Blumentopf auf den Kopf, dann ist das etwas, für das der Shopinhaber haftet. Wenn ich einen digitalen Blumenladen betrete und ich fange mir dadurch einen Virus oder einen Trojaner ein, weil der Betreiber des digitalen Blumenladens seit drei Jahren keine Updates seines Webservers mehr durchgeführt hat, dann ist derjenige hier nur sehr schwer zur Verantwortung zu ziehen.

Ähnlich ist es bei denjenigen, die den Zugang zu dem Internet vermitteln: Da gibt es Unternehmen, die hier Vorbildliches leisten, die ihren Kundinnen und Kunden IT-Sicherheitstools zur Verfügung stellen oder bei Standardangriffen die Kunden warnen. Wir haben hierzu im Rahmen des Anti-Botnetz-Beratungszentrums eine ganz enge Zusammenarbeit zwischen BSI und einigen Providern. Aber es gibt auch Unternehmen, die keine Hilfestellung geben, wenn ich als Kunde mir einen Trojaner einfange oder Teil eines Botnetzes werde.

Vierter Punkt: wir halten es für wichtig, die Rolle des Bundesamtes für Sicherheit in der Informationstechnik zu stärken, als Zentralstelle für die IT-Sicherheit und auch als Stelle, die IT-Sicherheitsmechanismen zertifiziert und sichere IT-Produkte beurteilt, Vorgaben macht und Warnungen vor unsicheren Produkten ausspricht.

Wir sind sehr dankbar dafür, dass wir auf europäischer Ebene eine, von Frau Vizepräsidentin Kroes angeschobene Diskussion haben über eine Richtlinie für Netzwerk- und Informationssicherheit, die wir unterstützen. Wir diskutieren auf europäischer und deutscher Ebene über das Gleiche und versuchen, diese Gesetzgebung zu harmonisieren.

Wir glauben aber nicht, dass es vernünftig wäre, auf nationaler Ebene zu warten, bis europäische Regelungen fertig sind. Die Cyber-Sicherheitslage lässt kein weiteres Warten zu. Insofern führen wir diese Diskussion parallel, unterstützen das Brüsseler Vorgehen und werden entweder unseren kritischen Infrastrukturen entsprechende nationale Vorgaben machen oder werden gut gerüstet sein für die Umsetzung dessen, was wir gemeinsam mit Brüssel erarbeiten.

Meine Damen und Herren, das ist nur ein Thema, gesetzliche Maßnahmen zum Schutz der Cyber-Sicherheit. Ein zweites, danebenstehendes, vielleicht noch wichtigeres, Thema ist die Verbesserung der Zusammenarbeit zwischen Staat und Wirtschaft bei der Cyber-

Sicherheit. Beherrschbarkeit heißt, dass wir gemeinsam die digitalen Infrastrukturen absichern. Aus diesem Grunde brauchen wir intelligente Instrumente des Zusammenwirkens. Wir haben deshalb parallel zu unseren gesetzgeberischen Aktivitäten durch das Bundesamt für Sicherheit in der Informationstechnik und dankenswerterweise durch den IT-Branchenverband BITKOM im Jahre 2012 die Allianz für Cyber-Sicherheit gegründet.

Die Allianz für Cyber-Sicherheit geht weit über den Schutz der kritischen Infrastrukturen hinaus und zielt auf die Cyber-Sicherheit der gesamten Gesellschaft, insbesondere auf die Cyber-Sicherheit von Staat, Wirtschaft, Forschungseinrichtungen. Die Allianz für Cyber-Sicherheit ist ein großer Erfolg. Einer der Gründer sitzt ja hier, mittlerweile in neuer Funktion, Herr Neugebauer, damals bei BITKOM. Wir haben einen großen Zulauf von Teilnehmern, Partner und Multiplikatoren.

Als Teilnehmer der Allianz für Cyber-Sicherheit, wir haben mittlerweile mehrere Hundert, profitiert man von einem freiwilligen Informationsaustausch und von einem geschützten „Raum", in dem man diesen Informationsaustausch durchführt. Hier bekommen die registrierten Teilnehmer neben den öffentlichen Informationen auch vertrauliche Inhalte. Dort stellen mittlerweile Unternehmen freiwillig Informationen über Sicherheitsvorfälle bereit, sodass andere Unternehmen davon profitieren können.

Wir haben vor zwei Wochen einen Sicherheitsvorfall gehabt bei der Firma Vodafone. Und die Firma Vodafone hat, das möchte ich an der Stelle ausdrücklich loben, diese Mechanismen genutzt. Vodafone hat frühzeitig gemeldet, hat dadurch die anderen Unternehmen in die Lage versetzt, sich vor ähnlichen Angriffen zu schützen. Das Unternehmen hat auch den Kontakt zu den Behörden gesucht und bewiesen, dass man als Unternehmen auch vertrauensbildend wirken kann mit der Art und Weise, wie man mit so einem Angriff, der letztlich, gerade wenn es ein Innentäterangriff ist, jeden treffen kann, vernünftig umgeht.

Die Allianz für Cyber-Sicherheit hat neben Teilnehmern auch Partner. Partner sind Unternehmen und Einrichtungen, die besondere Expertise zur Cyber-Sicherheit mitbringen und vermittelt werden zu den Teilnehmern. Wir haben derzeit 81 Partner. Daneben gibt es noch Multiplikatoren, die in der Allianz für Cyber-Sicherheit dafür sorgen, dass das Ganze weitergetragen wird, zum Beispiel 26 Verbände wie der BDI oder der CIO-Verband VOICE. Ich glaube, die Allianz ist ein Erfolgsmodell und versetzt uns in die Lage, einen besseren Informationsaustausch über Cyber-Vorfälle, über Risiken und Schwachstellen zu organisieren. Sie ergänzt die nötigen gesetzlichen Maßnahmen.

Meine Damen und Herren, wir haben in den letzten Wochen natürlich eine intensive Diskussion gehabt über die Folgerung, die aus den Snowden-Unterlagen und aus der Diskussion über die Tätigkeit von NSA und GCHQ zu ziehen sind. Die Bundesregierung hat ein 8-Punkte-Programm zum Schutz der Privatsphäre beschlossen. Eine der Maßnahmen ist die Weiterentwicklung von IT-Sicherheitstechnik, also die Förderung von IT-Sicherheitsunternehmen, die Verbreitung sicherer Kryptographie und die Förderung des Einsatzes von IT-Sicherheitstechnik in Wirtschaft und Gesellschaft.

Im Auftrag der Bundeskanzlerin hat die Beauftragte der Bundesregierung für Informationstechnik, Frau Rogall-Grothe, vor zwei Wochen einen Runden Tisch zur IT-Sicherheitstechnik durchgeführt, an dem 30 hochrangige Vertreter teilgenommen haben, aus Bundesministerien, Ländern, Wirtschaftsverbänden, IT-Anwenderunternehmen, IT-Unternehmen, IT-Sicherheitsunternehmen und Wissenschaft. In einem sehr, sehr intensiven Dialog haben wir am Runden Tisch Maßnahmen zur Verbesserung der Rahmenbedingungen für die IT-Sicherheitswirtschaft erörtert. Auf dem Tisch liegt jetzt ein Arbeits- und Prüfprogramm für die nächste Bundesregierung auf diesem Feld. Ich will einige der Ansätze vorstellen, die am Runden Tisch breite Übereinstimmung gefunden haben.

Von den Vertretern der Wirtschaft wurde sehr stark, das ist mein erster Punkt, die Rolle des Staates als Nachfrager und Gestalter von Informationstechnik angesprochen. In Deutschland gibt die öffentliche Verwaltung etwa 18 Mrd. € für IT aus. Das sind etwa ein Fünftel der IT-Ausgaben in Deutschland insgesamt. Die öffentliche Verwaltung ist damit der größte Nachfrager – wenn die öffentliche Verwaltung denn ein Nachfrager wäre. Daher wird gefordert, dass wir in der Bundesverwaltung, aber auch darüber hinaus, zu einer stärkeren Konsolidierung der Informationstechnik kommen und zu einer stärkeren, dementsprechend auch einheitlicheren Nachfrage nach IT-Sicherheits- und Datenschutzlösungen, um den Markt für IT-Sicherheits- und Datenschutztechniken entsprechend zu fördern. Zu denken ist hier beispielsweise an die Weiterentwicklung der Regierungsnetze, zu denken ist an sichere Cloud-Dienste für die öffentliche Verwaltung, aber natürlich auch an Krypto-Produkte.

Der zweite wichtige Punkt des Runden Tisches ist der Ausbau des Bundesamtes für Sicherheit in der Informationstechnik in der umfassenden Verantwortung für die Begleitung der Digitalisierung der Infrastruktur. Von vielen Seiten wurde darauf hingewiesen, dass sich bei der laufenden Digitalisierung der Infrastrukturen, ob es bei der Verkehrs-Telematik ist, z. B. Car-to-Car-Kommunikation, ob es im Gesundheitswesen ist, also Gesundheits-Telematik, ob es bei Industrie 4.0 ist, ob es in der Energie ist, SmartEnergy, überall ähnliche Probleme der IT-Sicherheit, der Zertifizierung und Standardisierung von IT-Sicherheit stellen. Wir brauchen eine übergreifende Standardisierung, Interoperabilität, übergreifende Gütesiegel, Zertifizierungsverfahren, die Akkreditierung von Dienstleistern usw. und müssen die entsprechenden Kapazitäten ausbauen. Das BSI arbeitet im Augenblick aufgrund einer extrem hohen Nachfrage an der Belastungsgrenze und der Präsident Hange berichtet mir, dass das bei anderen europäischen Behörden, mit denen er eng zusammenarbeitet, nicht viel anders ist.

Der Ausbau des Bundesamtes für Sicherheit in der Informationstechnik ist insofern eine der Grundvoraussetzungen dafür, dass wir verlässliche IT-Sicherheit in all diese Infrastruktur-Digitalisierung hineinbekommen. Es zahlt sich aus, dass Deutschland 1991 entschieden hat, dass das Bundesamt für Sicherheit in der Informationstechnik als Behörde für den Schutz der IT und den Schutz der Infrastrukturen eingerichtet wurde. Ähnliches haben die Franzosen mit ANSSI getan.

Dritter Punkt vom Runden Tisch: Fortsetzung und deutlicher Ausbau der IT-Sicherheitsforschung. Das will ich jetzt nur sehr kurz abhandeln, weil Herr Dr. Ehlert dazu schon berichtet hat. Ich kann dem nur uneingeschränkt zustimmen und möchte mich bei Ihnen bedanken für Ihren persönlichen Einsatz innerhalb der Europäischen Union! Wir haben uns am Runden Tisch völlig einvernehmlich dafür ausgesprochen, dass wir auch das nationale IT-Sicherheitsforschungsprogramm fortsetzen, erweitern und ausbauen müssen und dass auch die Frage der steuerlichen Berücksichtigung von Forschungs- und Entwicklungsleistung bei Unternehmen bearbeitet werden muss.

Vierter und letzter Punkt ist die Frage, was wir im Bereich der kleinen und mittelständischen Unternehmen tun können, um dort IT-Sicherheit zum Standard werden zu lassen. Am Runden Tisch ist eine Idee vorgebracht worden, die auf eine sehr positive Resonanz stieß, nämlich ein Fördermodell wie beim Energiesparen. Wenn Sie jetzt als kleines Unternehmen oder als Hauseigentümer zum Energiesparen beitragen wollen, bekommen Sie eine entsprechende Förderung, einen Sachverständigen einzubeziehen, der die Handlungsfelder begutachtet. Anschließend können Sie festlegen, wo Sie investieren wollen. Für diese Investition gibt es dann Investitionszuschüsse oder zinsvergünstigte Darlehen. Ein solches Modell, das war ein Vorschlag am Runden Tisch, kann man sich für die IT-Sicherheit vorstellen.

Zum Abschluss meines Vortrages möchte ich ein paar Worte zum Datenschutz sagen. Für die Gesamtentwicklung der Digitalisierung in Europa ist ein Fortschritt bei den Beratungen zum europäischen Datenschutz von höchster Bedeutung. Wir brauchen eine Veränderung des bestehenden Datenschutzrechts, wir brauchen eine strukturelle Reform und wir brauchen für die Unternehmen dringend eine einheitliche europäische Lösung. Die Debatte wird schon seit einiger Zeit geführt und es werden viele Klischees aufgebaut – wer will das deutsche Datenschutzniveau erhalten und wer will es absenken? Das sind alles Schlagwörter!

Wir haben eine sehr, sehr schwierige Diskussion zu führen. Ich will nur ein Beispiel nennen: Wenn Sie an eine App denken, mit der ich von einem Smartphone auf eine Handelsplattform zugreife, auf der ich mit anderen Privaten ein Geschäft abwickle. Alleine eine datenschutzrechtliche Prüfung dieses Sachverhaltes fällt sehr schwer: angefangen mit dem Telekommunikationsdatenschutz, weil ich über Mobilfunk kommuniziere, über Telemediendatenschutz bis hin zu dem allgemeinen Datenschutzrecht und den ergänzenden vertraglichen Beziehungen oder AGBs. Für diejenigen, die geschützt werden soll, ist es ganz schwer zu erkennen, was datenschutzkonform ist und was nicht.

Ähnlich geht es den Unternehmen. Ich werde häufig angesprochen von kleinen und mittleren Unternehmen, gerade in Berlin gibt es ja sehr viele Neugründungen auf diesem Feld. Sie werfen uns vor, dass wir als Bezugsrahmen viel zu sehr über den Datenschutz z. B. bei Facebook und Apple sprechen statt über die kleinen Unternehmen. Da ist etwas dran: Die großen Plattformbetreiber arbeiten typischerweise mit einer Einwilligung und AGBs. Sie können ihr Geschäftsmodell permanent weiterentwickeln, weil der Nutzer in die Nutzung der Daten durch den Plattformbetreiber eingewilligt hat. Wenn ein Startup

einen neuen Dienst anbieten will, braucht es einen Berater, der prüft, ob der Dienst datenschutzkonform ist. Und wenn der Dienst dann verändert wird, zum Beispiel mit einem
anderen kleinen Unternehmen kooperiert, muss eine erneute Prüfung erfolgen. Diese
Unternehmen wünschen sich Rahmenbedingungen, die es erlauben, ein innovatives Geschäftsmodell aufzusetzen und den Datenschutz von Anfang an mit zu berücksichtigen,
und die leicht erkennen lassen, was im Sinne des Datenschutzes ist und was nicht.

Ich glaube, mit dem Entwurf, der von der Kommission auf den Tisch gelegt wurde, ist
das noch nicht gelungen. Hieran arbeiten wir intensiv und mit Nachdruck. Ich glaube übrigens, dass wir hier leichter und vordringlicher zu einem Ergebnis kommen, wenn wir uns
jetzt nicht gleichzeitig mit allen Details des bereichsspezifischen Datenschutzrechts im öffentlichen Bereich beschäftigen. Da haben wir in der Tat ein hohes deutsches Niveau und
auch eine feine Ausdifferenzierung von verschiedenen Interessenverhältnissen, die wir
nicht einfach so über Bord werfen sollten durch eine allgemeine Regelung aus Brüssel.

Bei der Diskussion über den Datenschutz in Europa ist es mir außerdem wichtig, dass
wir stärker Datenschutz, Datensicherheit und IT-Sicherheit miteinander verbinden, also
nicht nur über die Zulässigkeit einer Datenverarbeitung diskutieren, sondern auch über die
Frage, wie wir die Verarbeitung datenschutzkonform ausgestalten. Hier schließt sich der
Kreis zu dem, was ich zu Beginn meines Vortrages ausgeführt habe, weil Datenschutz und
IT-Sicherheit letztlich zwei Seiten derselben Medaille sind.

Wir müssen den technologischen Datenschutz stärken, wir müssen Mechanismen entwickeln, die Vertraulichkeit und Integrität sichern, wie es auch das Bundesverfassungsgericht gefordert hat. Letztlich – um auf das App-Beispiel zurückzukommen – geht es bei
der Nutzung einer App im Internet einerseits um den Schutz meiner personenbezogenen
Daten. Aber es geht andererseits auch ganz allgemein um die Handlungsfreiheit im digitalen Raum, die abgesichert werden muss gegen Cyber-Angriffe ebenso, wie gegen jeman-
den, der meine Daten missbraucht oder meine IT manipuliert. Es geht um das Vertrauen
in die digitale Welt.

Wir haben schon heute Umfragen, dass 7 bis 8 Mio. Menschen in Deutschland sagen,
sie seien schon einmal Opfer von Betrügereien im Internet geworden. Diese Entwicklung
kann zu einem Vertrauensverlust führen, zu einem Akzeptanzverlust für die Digitalisierung.

Meine Damen und Herren, in der nächsten Wahlperiode des Deutschen Bundestages
werden wir eine sehr umfassende Diskussion über Digitalisierungspolitik haben, weil wir
eben eine komplette Digitalisierung aller Infrastrukturen erleben. Das wird ein zentrales politisches Thema sein. Im Kern dieser Diskussion wird das Thema der heutigen Tagung stehen, nämlich die Beherrschbarkeit der Digitalisierung, speziell auf den Feldern
des Datenschutzes und der Cyber-Sicherheit. Wir haben durch den Diskussionsstand in
Deutschland, durch die hohe wissenschaftliche Expertise, auch durch die vielen Unternehmen, die sehr innovativ bei Datenschutz und IT-Sicherheitstechnik sind, eine gute Chance,
in dieser Diskussion eine wichtige Rolle zu führen und auch gute Lösungen in Deutschland zu entwickeln.

Ich bin froh, dass Sie sich, wie Herr Dr. Bub in seiner Einleitung erwähnt hat, vorgenommen haben, dieses ganzes Feld IT-Sicherheitstechnik, IT-Sicherheitsforschung weiter auszubauen. Ich halte das für richtig und für nötig und ermuntere Sie, dies zu tun. Wir stehen gerne zur Verfügung, auch mit dem BSI, um mit Ihnen zu kooperieren und zusammenzuarbeiten im Sinne einer Sicherstellung der Beherrschbarkeit unserer Informationsgesellschaft.

Martin Schallbruch studierte Informatik, Rechts- und Sozialwissenschaften an der Technischen und der Freien Universität Berlin. Nach seinem Abschluss als Diplom-Ingenieur war er zunächst als wissenschaftlicher Mitarbeiter an der Juristischen Fakultät der Humboldt-Universität zu Berlin tätig und leitete dort ein Servicezentrum für Informations- und Kommunikationstechnik. 1996 wurde Martin Schallbruch Direktor des Instituts für das Recht der Informations- und Kommunikationstechnik an der Humboldt-Universität zu Berlin. Ab 1998 folgten verschiedene Stationen im Bundesministerium des Innern; zunächst als Persönlicher Referent der Staatssekretärin Zypries, ab 2002 als IT-Direktor und seit 2008 als IT-Beauftragter (Ressort-CIO). Martin Schallbruch ist Stellvertreter der Beauftragten der Bundesregierung für Informationstechnik.

Notwendigkeit und Chancen eines modernen europäischen Rechtsrahmens angesichts von „PRISM" und „TEMPORA"

Alexander Dix

Nach dem nahezu täglich neue Details über die Aktivitäten des US-amerikanischen und des britischen Geheimdienstes bei der Überwachung der globalen Telekommunikation bekannt werden, stellt sich die Frage nach der „Beherrschbarkeit" von Big Data und Cyber Security völlig neu.

Man kann geradezu von einem „doppelten Zauberlehrlings-Effekt" sprechen: Demokratische Staaten wie die USA und Großbritannien und die mit ihnen kooperierenden Länder verfügen über Nachrichtendienste, die offenbar jedes Maß verloren haben und anlasslos die Telekommunikation und den gesamten Internet-Verkehr, auch soweit er nur deutsche Kommunikationspartner betrifft, überwachen. Schon dies hat der frühere Präsident Bundesamtes für Verfassungsschutz und des Bundesnachrichtendienstes, Hansjörg Geiger, mit Recht als „zutiefst verstörend" bezeichnet. Die Richter des geheimen Foreign Intelligence Surveillance Courts haben zudem eingeräumt, dass sie keine Möglichkeit haben, die National Security Agency effektiv zu kontrollieren. Dieser Geheimdienst ist offenbar außer Kontrolle. Während Marc Zuckerberg jüngst noch beklagte, die US-Regierung habe seinem Unternehmen geschadet, weil sie betont habe, nur US-Bürger seien vor einer Ausspähung ihrer Kommunikation ohne richterliche Anordnung geschützt, belegen neueste Dokumente, deren Offenlegung die Electronic Frontier Foundation erzwungen hat, belegen, dass die NSA über Jahre rechtswidrig auch US-Amerikaner überwacht ha[1]t. Der Grund dafür sei, dass niemand innerhalb des Nachrichtendienstes „volles Verständnis dafür gehabt habe, wie das System arbeite."[2] Offenbar ist also die NSA selbst nicht mehr in der Lage, die technischen Systeme zur heimlichen Kommunikationsüberwachung, die

---

[1] Vgl. dazu schon Bamford, The Shadow Factory (2008).

[2] Süddeutsche Zeitung v. 12.9.2013, S. 8 („Eingriff in die Privatsphäre").

A. Dix (✉)
10787 Berlin, Deutschland
E-Mail: dix@datenschutz-berlin.de

© Springer Fachmedien Wiesbaden 2014
U. Bub, K.-D. Wolfenstetter (Hrsg.), *Beherrschbarkeit von Cyber Security,
Big Data und Cloud Computing*, DOI 10.1007/978-3-658-06413-6_2

sie selbst unter erheblichem Kostenaufwand nach dem 11. September 2001 geschaffen hat, zu kontrollieren.

Hinzu kommt folgendes: Wenn Hersteller von Sicherheitssoftware oder Netzknotenrechnern auf Veranlassung der Geheimdienste Schwachstellen und Hintertüren in ihren Produkte verstecken, kann nicht verhindert werden, dass auch Kriminelle diese Schwachstellen ausnutzen. So wird statt Sicherheit systematisch Unsicherheit erzeugt und Vertrauen zerstört. Dieser Vertrauensverlust ist – wie es der Bundesbeauftragte für den Datenschutz treffend formuliert hat – mit Händen zu greifen. Prognosen besagen, dass US-Anbieter von Cloud-Diensten aufgrund der Enthüllungen über die NSA-Aktivitäten in den nächsten drei Jahren bis zu US$ 35 Mrd. Verlust machen könnten.

In diesem Zusammenhang ist es bemerkenswert, dass gerade von Seiten der Informatik betont wird, die Lösung könne nicht – jedenfalls nicht ausschließlich – durch Technik erfolgen, sondern müsse ganz wesentlich durch klare Regeln und Sanktionen gefunden werden, die letztlich übernational zu formulieren seien.

Deshalb ist die gegenwärtige Diskussion über einen neuen europäischen Rechtsrahmen von zentraler Bedeutung. Die Europäische Kommission hat mit ihrem Vorschlag für eine Datenschutzgrundverordnung vom Januar 2012 eine Initiative für eine grundlegende Modernisierung des Datenschutzrechts in Europa ergriffen, die längst überfällig war. Schon auf nationaler Ebene haben die Datenschutzbeauftragten, aber auch Verbraucherschützer mehrere Bundesregierungen vergeblich aufgefordert, das Datenschutzrecht den Anforderungen des 21. Jahrhunderts anzupassen. Vorschläge zur Modernisierung, die bereits auf dem Tisch lagen, verschwanden nach den Anschlägen des 11. September in den Schubläden des Bundesinnenministeriums. Das jetzt eine Debatte über ein zeitgemäßes und zugleich zukunftsoffenes Datenschutzrecht auf europäischer Ebene geführt wird, ist deshalb zu unterstützen.

Zwar hat die Europäische Kommission nicht die Kompetenz, die Tätigkeit von Geheimdiensten einzuschränken oder ihre Kontrolle zu verbessern; dies kann letztlich nur durch Regierungsabkommen oder völkerrechtliche Verträge geschehen. Auch habe ich Zweifel, ob die Initiative der Bundesregierung und der französischen Regierung, wonach Unternehmen verpflichtet werden sollen, über Anfragen von Nachrichtendiensten zu informieren, erfolgreich sein wird. Sowohl in den USA als auch in Großbritannien, aber auch in der Bundesrepublik selbst muss über solche Anfragen regelmäßig Stillschweigen bewahrt werden.

Dennoch bietet die Grundverordnung mittelbar die Chance, dass Europa seine Grundwerte in Sicherheitsstandards gießen bzw. über hohe technisch-organisatorische Anforderungen die Datenverarbeitung der Unternehmen gegen unkontrollierte Zugriffe von Nachrichtendiensten besser schützen kann.

Das setzt naturgemäß voraus, dass zunächst innerhalb Europas ein politischer Konsens darüber hergestellt wird, was Geheimdienste dürfen und was nicht. Natürlich müssen sie die Möglichkeit haben, den Telekommunikationsverkehr gezielt oder – wie der Bundesnachrichtendienst – durch Einsatz von Filterprogrammen *einen Teil* der grenzüberschreitenden Kommunikationsverbindungen zu überwachen, wenn dies effektiv – übrigens auch durch Datenschutzbeauftragte – kontrolliert werden kann. Inakzeptabel ist dagegen, dass sämtliche Metadaten im Sinne eines „Full Take" unterschiedslos und routinemäßig gespeichert werden, wie es das Programm TEMPORA des britischen GCHQ tut. Das Erschreckende an diesem Programm ist die Totalität der Überwachung.

Um keine Missverständnisse aufkommen zu lassen: Natürlich muss der Terrorismus effektiv und auch mit nachrichtendienstlichen Mitteln international bekämpft werden. Aber die jetzt bekannt gewordenen Aktivitäten der NSA und des GCHQ gehen weit darüber hinaus, was in einer demokratischen Gesellschaft zu diesem Zweck erforderlich ist. Diese Nachrichtendienste spähen nicht nur internationale Organisationen wie die EU und die Vereinten Nationen aus, sondern sie betrachten es auch als ihre Aufgabe, für die Stabilität des internationalen Finanzsystems zu sorgen und Wirtschaftsspionage zu betreiben.

Wenn die Datenschutz-Grundverordnung, die gegenwärtig noch im EU-Parlament und im Rat beraten wird, rechtzeitig vor der Neuwahl des Parlaments verabschiedet werden kann, bietet dies allerdings die Chance, dass Europa seinen Unternehmen einen erheblichen Vorteil im weltweiten Wettbewerb verschafft.

Das setzt die Umsetzung bestimmter Essentialia voraus:

1. Anbieter von Cloud-Diensten auf dem europäischen Markt werden künftig dem EU-Recht unabhängig davon unterliegen, wo ihre Server stehen. Darüber besteht offenbar bereits weitgehend Einigkeit sowohl im Parlament als auch im Rat. Google, Facebook und andere US-Unternehmen haben in der Vergangenheit lange Zeit argumentiert, sie unterlägen wegen des Sitzes ihrer Mutterkonzerne ausschließlich dem US-Recht (einschließlich der Zugriffsrechte der Nachrichtendienste nach dem Patriot Act). Dagegen entspricht das jetzt vorgesehene Marktortprinzip im Grunde einer Selbstverständlichkeit, die auch der US-Supreme Court für die umgekehrte Konstellation stets für richtig gehalten hat: Wer in den USA Geschäfte machen wolle, müsse sich an das dort geltende Recht halten.

2. Die Kommission hat vorgeschlagen, dass harte Sanktionen gegen solche Unternehmen verhängt werden können, die gegen europäisches Datenschutzrecht verstoßen: bis zu 2 % des globalen Umsatzes sollen die Aufsichtsbehörden als Geldbuße verhängen können. Hiergegen gibt es naturgemäß Widerstand von Seiten der Wirtschaftsverbände, aber es ist zu hoffen, dass auch dieser Vorschlag in die Grundverordnung übernommen wird. Denn nur wenn die Aufsichtsbehörden glaubwürdige Sanktionsmöglichkeiten haben, können sie den neuen europäischen Rechtsstandard auch durchsetzen.

3. Schließlich sollte die Grundverordnung verpflichtende Vorgaben für die Entwickler und Hersteller von Datenverarbeitungstechnik vorsehen, damit bis hin zu einer Produkthaftung „privacy by design" bei der Herstellung von Hard- und Software nicht nur versprochen, sondern auch realisiert wird. Insofern ist ein Mix zwischen Regulierung und der Schaffung von Marktanreizen sinnvoll. Allerdings muss die Grundverordnung in diesem Punkt während der jetzt laufenden Beratungen im Europäischen Parlament

und im Rat noch deutlich präzisiert werden. Grundprinzipien des technischen Datenschutzes wie Anonymisierung und Pseudonymisierung sollten ebenso in den neuen
Rechtsrahmen aufgenommen werden wie verbindliche Festlegungen zum Verfahren,
zu den Kriterien und den Rechtsfolgen der Zertifizierung.

Zwar ist das vom Bundesverfassungsgericht entwickelte Grundrecht auf Vertraulichkeit
und Integrität informationstechnischer Systeme eine spezifische Rechtsfigur des deutschen Verfassungsrechts. Es kann aber kein Zweifel daran bestehen, dass Informationssicherheit ein globales Problem ist, das nur durch die Setzung weltweiter Standards einer
Lösung näher gebracht werden kann.

    Letztlich muss die Frage beantwortet werden, die schon bei der Diskussion um die
Online-Durchsuchung – wenn auch nur national – im Vordergrund stand: Wollen wir eine
hochsichere, vertrauenswürdige Informationstechnik, bei der die Überwachung der Kommunikation die kontrollierte Ausnahme bleibt, oder wollen wir eine Gesellschaft, in der
die unkontrollierbare Überwachung die Regel ist.

Alexander Dix ist seit Juni 2005 Berliner Beauftragter für Datenschutz und Informationsfreiheit.
Zuvor war er sieben Jahre Landesbeauftragter für den Datenschutz und für das Recht auf Aktenein-
sicht in Brandenburg. Dr. Dix hat besondere Fachkunde im Bereich von Telekommunikation und
Medien sowie für Fragen des grenzüberschreitenden Datenschutzes. Er ist Vorsitzender der Internationalen Arbeitsgruppe zum Datenschutz in der Telekommunikation (international auch bekannt
als „Berlin Group") und Mitglied der Artikel 29-Gruppe der Europäischen Datenschutzbeauftragten,
in der er die Bundesländer vertritt. Außerdem leitet Dr. Dix die beiden Arbeitsgruppen des Düssel-
dorfer Kreises der Aufsichtsbehörden für den Datenschutz zum Internationalen Datenverkehr und zu
Telemedien und Telekommunikation.

Design for Security

3

Claudia Eckert

Der Titel meines Vortrages ist: *Design for Security*. Diese Formulierung grenzt sich ganz bewusst von dem sonst genutzten Begriff des *Secure by design* ab. Secure by design weckt eine Erwartungshaltung, die in dem Ausmaß kaum zu erfüllen ist, nämlich die Erwartung, dass die entwickelten Systeme perfekt abgesichert sind. Diese perfekte Sicherheit ist natürlich nicht erreichbar. Wohl können wir aber die Technologien, Prozesse und Rahmenbedingungen so gestalten, dass höheres Sicherheitsniveau und eine stärkere Angriffs-resistenz erreicht wird. Wir können sicherere Hardware- und Software-Architekturen ge-stalten, aber auch verbesserte Verfahren konzipieren, um im laufenden Betrieb mögliche Angriffe und Fehlersituationen frühzeitig zu erkennen und geeignete Gegenmaßnahmen einzuleiten. *Design for Security* ist deshalb als Aufforderung zu verstehen, die Gestal-tungsspielräume zu nutzen, um ein verbessertes Sicherheitsniveau zu erzielen.

Trends und Chancen in und durch IKT

Der Vortrag geht zunächst kurz anhand von Beispielen auf die Chancen ein, die sich durch den Einsatz von modernen IKT Technologien ergeben. Gleichzeitig werden aber auch die möglichen Show-Stopper benannt. Sie liefern die Ausgangsbasis, um daran die wich-tigsten Herausforderungen abzuleiten, die zu meistern sind, um die Show-Stopper zu be-seitigen. Neben der Technik-Gestaltung gehört hierzu auch die Gestaltung von Prozessen, das Anstoßen eines Kulturwandels, wie Sicherheit in Unternehmen gelebt wird und wie Sicherheit in der Ausbildung zu verankern ist, aber auch die Gestaltung von politischen Rahmenbedingungen. Ich werde mich im Folgenden angesichts der technologisch orien-tierten Tagung auf die technischen Aspekte konzentrieren.

C. Eckert (✉)
185748 Garching, Deutschland
E-Mail: eckert@sec.in.tum.de

© Springer Fachmedien Wiesbaden 2014
U. Bub, K.-D. Wolfenstetter (Hrsg.), *Beherrschbarkeit von Cyber Security,*
Big Data und Cloud Computing, DOI 10.1007/978-3-658-06413-6_3

Abb. 3.1 Industrie 4.0: Fernwartung, intelligente Steuerungen

Zwei der heute wichtigsten Trends der IKT, mit denen sehr viele Chancen einhergehen, sind die Industrie 4.0 und die personalisierte Gesundheit.

In Industrie 4.0, der vierten industriellen Revolution, werden Produktions-IT und Business-IT vernetzt. Maschinen und Produkte werden in Industrie 4.0 zu intelligenten, cyberphysikalischen Systemen verbunden (Abb. 3.1).

Die Systeme müssen in der Lage sein, sich untereinander sicher zu identifizieren, Manipulationen zu erkennen und sicher miteinander zu kommunizieren. IT-Systeme mit ganz unterschiedlichen Schutzmaßnahmen und Sicherheitsanforderungen werden miteinander verbunden, um Prozesse effizienter zu gestalten. Dadurch eröffnen sich jedoch neue Möglichkeiten, in Systeme einzudringen und Schäden hervorzurufen. Viren, die man von Desktop-PCs kennt, finden sich in Produktionsanlagen wieder. Maschinen werden zur Fernwartung freigegeben, ohne dass diese Zugänge ausreichend abgesichert sind. Sichere und überprüfbare Identitäten von Maschinen, der Schutz vor gefälschten und nachgemachten Produkten und die sichere Maschine-zu-Maschine Kommunikation sind neue und wichtige Herausforderungen für die IT-Sicherheit in der Industrie 4.0. Das Internet ist das zentrale Kommunikationsmedium und Cloud-Computing das zentrale Paradigma zur Erbringung kostengünstiger, standardisierter IT-basierter Dienste. Benötigt werden sichere und vertrauenswürdige Identitäten sowohl für Dienste als auch für Menschen. Dienste müssen sicher, dynamisch und über Organisationsgrenzen hinweg integrierbar sein.

Die personalisierte Gesundheitsversorgung charakterisiert einen weiteren wichtigen IKT-Trend, mit dem viele Chancen für eine bezahlbare und deutlich verbesserte Gesundheitsversorgung einhergehen. Mittels mobiler Vitalüberwachung und medizinischen Assistenzsystemen können zum einen individualisierte Therapien durchgeführt, und zum anderen den kranken Menschen größtmögliche Selbstbestimmtheit über die Gestaltung ihres Lebens ermöglicht werden. Die Techniken und Dienste, die im Bereich der Gesundheitstelematik entwickelt werden, ermöglichen eine verbesserte Versorgung auch in strukturschwächeren, ländlichen Räumen.

Dreh und Angelpunkt sind die Daten. Menschen, Maschinen, Produktionsanlagen, Geschäftsprozesse, Produkte und Dienste erzeugen ständig Daten. Zur Optimierung von Ressourcennutzungen und Geschäftsprozessen werden diese Daten in Realzeit zusammengeführt und effizient analysiert (Big Data). Die Daten dienen der Steuerung und Überwa-

Abb. 3.2 Mögliche Show-Stopper: unsichere Hardware, unsichere Software, der Faktor Mensch

chung von unternehmenskritischen Abläufen, sie steuern das Verhalten von Fahrzeugen oder auch von sicherheitskritischen Anlagen. Eine gezielte Manipulation dieser Daten könnte somit verheerende Konsequenzen haben. Es stellen sich die ganz klassischen Sicherheitsanforderungen, dass die Daten und Transaktionsvertraulichkeit zu gewährleisten ist, das Mechanismen benötigt werden, die Identität von Personen und Objekten eindeutig zu prüfen und dass Verfahren erforderlich sind, um Daten, aber auch Produkte und Systeme vor Manipulationen zu schützen. Die Gewährleistung einer datenschutzbewahrenden Verarbeitung von Daten ist zudem eine zentrale, sowohl gesellschaftliche als auch wirtschaftspolitische Aufgabe.

Show-Stopper

Die möglichen Show-Stopper sind uns allen wohlbekannt (Abb. 3.2)

Zu nennen sind die unsichere Hardware und Sensorik, die physisch angreifbar ist, aber auch unsichere Software-Systeme, die eine Vielzahl von Schwachstellen aufweisen und manipulierbar sind. Auch ungeschützte High-Tech-Produkte, die sehr einfach nachgebaut, kopiert und ausgelesen werden können, werfen Probleme auf, die die Chancen der IKT gefährden. Nicht zu vergessen ist natürlich der Faktor Mensch. Ein fehlendes Sicherheitsbewusstsein, Bequemlichkeit, aber auch Sorglosigkeit und Naivität sind die Ursache für viele erfolgreiche Angriffe. Es gibt beispielsweise Studien, die besagen, dass über 90 % aller Sicherheitsvorfälle im Bereich der Web-Anwendungen auf schwache Passworte von Nutzern zurückzuführen sind.

Technologie-Gestaltung

Meine These ist, dass wir Technologie, Prozesse und Rahmenbedingungen gestalten müssen: Design4Security. Wir müssen Technologie so gestalten, dass neue Hardware- und Software-Architekturen entwickelt werden, mit integrierten, nicht umgehbaren, differenzierten Kontrollen. Die Architekturen müssen in der Lage sein, sich flexibel an geänderte Rahmenbedingungen anzupassen, Angriffe frühzeitig detektieren und sich durch gezielte Re-Konfiguration resistenter gegen Angriffe zu machen.

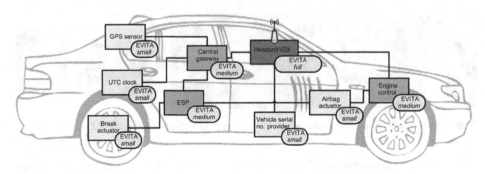

Abb. 3.3 Vertrauenswürdige Hardware-Module in einer Fahrzeug-Architektur. (Quelle: EU-Projekt EVITA)

Aber auch die organisatorischen Prozesse, die Geschäftsprozesse und Managementprozesse müssen neu gestaltet werden, so dass klare Leitlinien vorgegeben werden und eine neue Sicherheitskultur in Unternehmen und Behörden ‚gelebt' wird. Auch die politischen Rahmenbedingungen sind zu gestalten, so dass Anreize geschaffen werden, in Sicherheit zu investieren.

Vertrauenswürdige Hardware

Im Folgenden möchte ich auf den Bereich der Technologie-Gestaltung etwas eingehen. Benötigt werden vertrauenswürdige Hardware-Bausteine, die in Form von Sicherheits-Elementen Sicherheitsgrundfunktionen wie die Verschlüsselung, sicheren Speicher oder aber auch ein sicheres Schlüsselmanagement vertrauenswürdig, nicht fälschbar und nicht auslesbar zur Verfügung stellen (Abb. 3.3).

Ressourcenbeschränkungen, wie Energieknappheit, oder zeitliche Anforderungen, wie Echtzeit, sind Rahmenbedingungen, die sehr häufig für eingebettete Komponenten und deren eingebaute Sensorik gelten. Bestehenden Verfahren, die wohl etabliert sind, sind häufig zu aufwändig und nicht einsetzbar. Es besteht noch ein erheblicher Forschungsbedarf, ressourcen-sparende, skalierende Sicherheitsprotokolle und Authentisierungstechniken für eingebettete Komponenten und Sensoren zu entwickeln.

Wie bereits erwähnt, erwachsen aus dem Fälschen von IKT-basierten Produkten und dem Know-How-Diebstahl immense volkswirtschaftliche Schäden, die insbesondere für den High-Tech-Mittelstand im Maschinenbau problematisch sind. Benötigt werden Technologien, um elektronik-Komponenten fälschungssicher zu gestalten und sie mit einer nicht-clonebaren eindeutigen Identität versehen zu können.

Schließlich stellt sich auch die Frage, wie Architekturen zu gestalten sind, damit die Komponenten toleranter gegen bekannte und sich bereits abzeichnende Angriffe sind. Gefordert ist eine Resilienz gegen fortgeschrittene Seitenkanalangriffe, wie sie u. a. auch am AISEC untersucht werden, oder aber auch die Integration von leichtgewichtigen Techni-

Abb. 3.4 Original (*links*) und detailgetreuer Nachbau einer Hochpräzisionswaage

Abb. 3.5 AISEC-Piraterie-Schutz: verschlüsselte, obfuskierte Firmware und deren kryptographische Bindung an die Hardware

ken, um die Integrität eingebetteter Komponenten auch dynamisch effizient überwachen zu können (Abb. 3.4).

Piraterie-Schutz und Know-How-Schutz
Anhand zweier konkreten Beispiele möchte ich im Folgenden kurz erläutern, wie man beispielsweise die Problematik der höheren Fälschungssicherheit für Elektronikbauteile durch eine gezielte Technik-Gestaltung lösen kann. Ausgangspunkt für das erste Beispiel ist das Problem des sehr leichten Clonens von High-Tech Komponenten.

Unsere Lösung besteht darin, eine sichere Hardware-Komponenten zu entwickeln und in die Komponenten-Architektur hinein zu designen, so dass diese Hardware als so genanntes sicheres Element einen Vertrauensanker mit sicherem Speicher und einem sicheren Management kryptographischer Schlüssel zur Verfügung stellt. Die sichere Hardware ist zudem der Vertrauensanker für ein integriertes Protokoll, das die Firmware mit der Hardware eng koppelt (Abb. 3.5).

Die Firmware muss sich gegenüber der Hardware unter Vorlage eines gemeinsamen Geheimnisses, eines kryptographischen Schlüssels authentisieren. Eine nachgebaute Firmware verfügt nicht über dieses Geheimnis. Zudem wurden verschiedene Code-Obfuskations-Techniken eingesetzt, um einen verbesserten Produktschutz zu erreichen. Bevor das Elektronikbauteil in Betrieb genommen werden kann, wird geprüft, ob die Original-Hard- und Firmware auf dem Gerät ablaufen.

Das zweite Beispiel verdeutlicht eine technologische Lösung zum Schutz vor dem Auslesen der Firmware aus Elektronik-Bauteilen. Ausgangspunkt ist die Problematik, dass eine elektronische Platine zahlreiche Schnittstellen für vielfältige Angriffsmöglichkeiten bietet. Durch technische oder chemische Verfahren ist es möglich, Zugriff auf die einzelnen Bausteine auf der Platine zu erhalten und so das Zusammenwirken der Komponenten

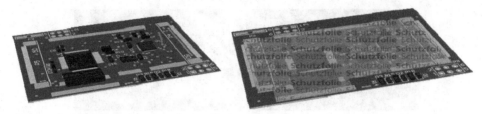

Abb. 3.6 elektronikbauteil (*rechts*) wird mit der smarten Schutzfolie PEP (*links*) umhüllt und vor Manipulationen geschützt

zu analysieren. Auch die Firmware lässt sich auslesen, was deren Manipulation, aber insbesondere auch deren Nachbau durch Verfahren wie das Reverse Engineering ermöglicht.

Zum Schutz des in Komponenten, Systemen und Produkten enthaltenen Know-hows wird am AISEC eine spezielle, intelligente Schutzfolie PEP (Protecting Electronic Products) entwickelt. Die Schutzfolie verschließt als elektronisches Siegel das Gehäuse und alle kritischen Bauteile der Geräte manipulationssicher und deaktiviert die Funktionalität des Produkts bei Siegelbruch (Abb. 3.6).

Im Gegensatz zu anderen Abschirmungen ist PEP auch ohne Stromzufuhr voll funktionsfähig und hält allen Angriffen stand. Die Innovation von PEP besteht in der untrennbaren Verbindung von Hardware und Schutzfolie. Die Materialeigenschaften der Schutzhülle werden als Sensoren genutzt und zum festen Bestandteil der Messschaltung gemacht. Die für die Verschlüsselung der Firmware notwendigen Schlüssel werden aus den Folieneigenschaften erzeugt und sind damit bei der geringsten Veränderung dieser Eigenschaften, wie beispielsweise Form oder Oberflächenstruktur, nicht mehr verwendbar. Jede Folie erhält bei der Herstellung einzigartige Identifikationsnummern, die für die Erzeugung einzigartiger kryptografischer Schlüssel genutzt werden.

Wird eine Manipulation jeglicher Art an der Schutzfolie vorgenommen, werden Daten wie der Programmcode der Firmware gelöscht und das Gerät wird dadurch funktionsunfähig (Abb. 3.7).

Auch das Auslesen der Firmware wird damit natürlich verhindert. Durch diese Hardware-basierte Verschlüsselung im Zusammenspiel mit der Firmware-Verschlüsselung und durch zusätzlich verwendete Verschleierungsmaßnahmen wird ein hohes Sicherheitsniveau erreicht.

Sichere Software-Architekturen

Als nächstes möchte ich mich mit der Frage der Gestaltung eingebetteter Software-Architekturen beschäftigen. Gerade im Bereich der eingebetteten Systeme verfügt Deutschland über ein großes Know-How. Es besteht die Chance, mit vertrauenswürdigen, eingebetteten Sicherheitskernen insbesondere auch in Kombination mit vertrauenswürdigen Sicherheits-Elementen eine vertrauenswürdige Technologie zu gestalten, die auch auf dem Weltmarkt wettbewerbsfähig sein kann. Neue Software-Sicherheitsarchitekturen müssen

Abb. 3.7 Manipulationsversuche führen zur Veränderung
der Eigenschaften der Folie,
die gemessen und erkannt
werden

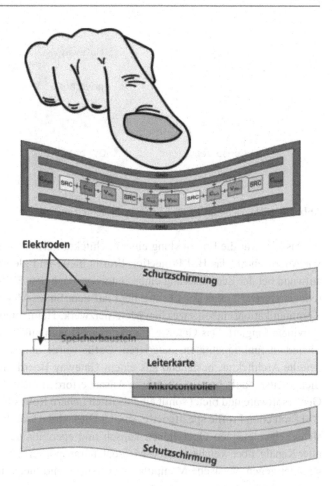

so entworfen werden, dass sie durch z. B. hardware-unterstützte Separierungs- und Isolie-
rungskonzepte eine strenge Abschottung von Anwendungen ermöglichen.

Um während des operativen Betriebs in der Lage zu sein, frühzeitig abweichendes
und damit auffälliges Verhalten zu erkennen, müssen die Architekturen zum einen nicht-
umgehbare Überwachungsfunktionen wie beispielsweise Virtual Machine Introspection
Techniken (VMI) beinhalten. Zum anderen müssen sie architekturell vorbereitet sein, so
dass schnell auf mögliche Angriffe reagiert und beispielsweise durch eine Re-Konfiguration schadhafte Funktionen per vertrauenswürdigem Software-Update ausgewechselt
werden kann (Abb. 3.8).

Beispiele für konkrete Sicherheitsarchitekturen
Anhand wiederum zweier konkreter Beispiele möchte ich verdeutlichen, wie durch Technologie-Gestaltung auf der Ebene der Software-Architekturen ein beträchtlicher Sicher-
heitsgewinn erzielbar ist. Das erste Beispiel zeigt eine innovative Sicherheitsarchitektur
für Smart Meter Gateways.

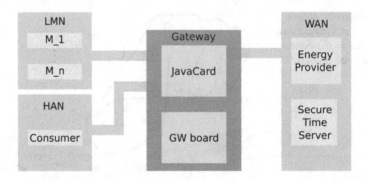

Abb. 3.8 Sicheres Smart Meter Gateyway basierend auf einer JavaCard 3.0

Das Ziel war die Entwicklung einer Architektur, die sogar eine noch höhere Resistenz vor Angriffen als das BSI Protection Profile bietet und gleichzeitig den Zertifizierungsaufwand bei der Zertifizierung eines Gateways nach dem BSI-Protection Profile deutlich reduzieren. Der Fokus der Lösung liegt auf dem Smart Meter Gateway, das als zentrale Kommunikationseinheit zwischen Meternetzwerk, Heimnetzwerk und dem Backend des Providers fungiert. Das Gateway als zentraler Kommunikationsknoten muss wesentliche Sicherheitsfunktionalitäten integrieren. Dafür wurde am Fraunhofer AISEC eine zweigeteilte Architektur, bestehend aus einem Gateway Board und einem HSM (Hardware-Sicherheitsmodul), entwickelt. Dieser Ansatz erfordert nicht die Vertrauenswürdigkeit der Gerätesoftware und bietet somit eine deutlich höhere Robustheit und Sicherheit als der im BSI Protection Profile spezifizierte Ansatz. Dies wird dadurch erreicht, dass das HSM alle sicherheitsrelevanten Operationen kapselt und ebenfalls den Kommunikationsendpunkt aller Kanäle, über welche sensible Messdaten transportiert werden, darstellt. Es ist speziell gehärtet gegen physische Manipulationsversuche und bietet auch softwareseitig deutlich weniger Angriffsfläche.

Zu den unterstützten Sicherheitsfunktionen zählen unter anderem die Handhabung des kryptographischen Schlüsselmaterials und der Zertifikate, der Aggregation von Messdaten und der Absicherung von Kommunikationskanälen. Außerdem sind Beschleuniger für symmetrische und asymmetrische Kryptographie, Hashfunktionen und Zufallszahlengenerierung fest integriert. Das Gateway Board hingegen unterstützt Anwendungen, welche als weniger sicherheitsrelevant eingestuft werden können. Dazu zählen Firewall-Funktionalität, um Anfragen an das HSM bereits im Vorfeld zu filtern, und eine GUI-Anwendung, so dass der Verbraucher über einen am Gateway Board angebrachten Display Verbrauchsdaten und Tarifinformationen abrufen kann. Schließlich besitzt das Gateway Board einen Massenspeicher, auf welchem das HSM verschlüsselte Daten auslagern kann. Da die Anforderungen nicht durch Standard-HSMs umgesetzt werden können, wird auf eine JavaCard 3.0 Connected zurückgegriffen, die mit einem Servlet um die Gateway Funktionalität erweitert wurde. Die entwickelte Sicherheitsarchitektur ist so konzipiert, dass sie auch auf andere Anwendungsszenarien des Ambient Assisted Living z. B. in der Medizin übertragbar ist. Zusätzlich wird der Zertifizierungsaufwand für Gateway-Her-

Abb. 3.9 TrustME:
gepatchter Linux-Kern und
Anbindung an ein Sicheres
Hardware-Element

steller erheblich verringert, da die wesentlichen Sicherheitsfunktionen durch das HSM
zur Verfügung gestellt werden und dementsprechend die Anforderungen an eine Zertifizierung durch die JavaCard 3.0 Connected und den integrierten Servlet erfüllt werden
würden.

Das zweite Beispiel stellt den am Fraunhofer AISEC entwickelten Ansatz zur Absiche-
rung Android-basierter Geräte vor. Der entwickelte Prototyp trust | me[1] ermöglicht eine
sichere Nutzung von mobilen Geräten in Firmennetzen durch die Einrichtung isolierter
Umgebungen für den privaten und geschäftlichen Bereich. trust | me erlaubt den Betrieb
mehrerer virtualisierter Smartphones auf einem Gerät. Vertrauliche Unternehmensdaten
bleiben dadurch vor dem Zugriff Dritter geschützt. Sicherheitsrelevante Daten wie PINs
und Passwörter werden verschlüsselt in einem Secure Element wie beispielsweise einer
MicroSD-Karte abgelegt. trust | me unterstützt alle Android-basierten mobilen Endgeräte
(Abb. 3.9).

Der trust | me Prototyp basiert auf Virtualisierung (Operating System-level Virtualiza-
tion) und stellt mehrere isolierte Instanzen auf einem mobilen Endgerät zur Verfügung.
Durch die sicherheitstechnischen Anpassungen des Linux-Kernels hin zu einem trust | me
Kernel kann eine eigene vertrauenswürdige Firmenumgebung parallel zu einer offenen,
privaten Umgebung und beliebigen Gast-Umgebungen auf ein und demselben mobilen
Endgerät betrieben werden. Der Wechsel zwischen den einzelnen isolierten Umgebungen
erfolgt stets kontrolliert durch Eingabe einer PIN durch den Nutzer und kann nicht zufällig
passieren (Abb. 3.10).

Der sichere Zugang zu einem Unternehmensnetzwerk über VPN wird über eine eigene isolierte Management-Instanz implementiert. Das Schlüsselmaterial zum Aufbau einer
VPN-Verbindung liegt dabei in einem Secure Element, das eine microSD-Karte oder eine
UICC sein kann. Das Secure Element ermöglicht weiterhin die hardware-basierte Verschlüsselung der Daten einzelner Umgebungen. Umfangreiche Remote Management-
Funktionalitäten ermöglichen es, dass auch bei Verlust eines Geräts die Daten sicher gelöscht werden können (remote wipe).

---

[1] Bemerkung: me steht für **m**obile **e**quipment

Abb. 3.10 Vollständig isolierte Ausführungsumgebungen durch Nutzung des Linux-Container-Konzepts. Vollständig kontrollierter Wechsel zwischen den Umgebungen

Sicherheit Testen und Überwachen

Als letzten Bereich der Technologie-Gestaltung möchte ich nun noch kurz auf den operativen Betrieb eingehen. Bevor Systeme oder Komponenten ausgerollt bzw. integriert werden sollen, sollten sie in Bezug auf mögliche Schwachstellen und Verwundbarkeiten getestet werden (Abb. 3.11)

Neben Seitenkanalangriffe, EMA Messungen einer intensiven Analyse der Hardware-Sicherheit beispielsweise durch gezielte oder auch Fehlerinjektionen mittels Lasern, wie sie im Hardware-Sicherheits-Labor am AISEC durchgeführt werden, sind bei sicherheits-kritischen Software-Teilen auch detaillierte Code-Analysen notwendig. Durch Tainting-Techniken und Code-Injektionen kann der Code so aufbereitet werden, dass detaillierte

Abb. 3.11 Geräte im AISEC-Hardware-Testlabor zur Seitenkanalanalyse (*links*) und für Fehler-injektion (*rechts*)

Abb. 3.12 Architektur des
Android-Analyse-Frameworks
AppRay

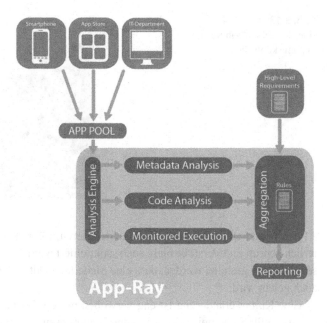

Daten- und Kontrollflussanalysen durchgeführt werden können. Diese decken mögliche
Datenlecks oder andere Schwachstellen auf (Abb. 3.12).

AppAnalyse-Framework
Auch für diesen Bereich möchte ich Ihnen im Folgenden noch ein Beispiel einer Lösung
aus unserem Institut vorstellen. Mit AppRay wurde ein App-Analyse-Framework entwickelt, das eine vollautomatische Analyse und Einschätzung der Sicherheit von Android-
Apps nach vorher vom Unternehmen selbst festgelegten Kriterien ermöglicht.

Die Analyse der Apps ist flexibel und lässt sich an unterschiedlichste Firmen-Policies
anpassen. Am AISEC wurde zudem „Trusted-App-Market" Konzept entwickelt, das es
Firmen erlaubt, eigene App-Stores zu betreiben, die nur sichere Anwendungen zulassen.
App-Ray kann als eigenständiges Tool, z. B. zum direkten Überprüfen von ganzen Smartphones, verwendet werden, oder als Sicherheitsfeature in Enterprise App Stores und Mo-
bile-Device-Management-Lösungen integriert werden.

Prozesse, Bildung und politische Rahmen gestalten

Auf Prozesse, Bildung und politische Rahmenbedingungen wird im Folgenden nur kurz
eingegangen. Auch wenn klar ist, dass Sicherheitsvorgaben festzulegen und zu kommunizieren sind, trifft man in der Praxis oft auf lückenhafte, häufig nicht abgestimmte Vorgaben. Dadurch kommt es zu Widersprüchen und Sicherheitsschwachstellen.

Zudem begnügt man sich bei der Umsetzung von Schutzkonzepten häufig mit
Einzelmaßnahmen, die ein trügerisches Sicherheitsgefühl erzeugen (Abb. 3.13)

Abb. 3.13 Visualisierung
einer Einzelmaßnahme zur
Zugangskontrolle

Auch nutzt es wenig, Richtlinien zu definieren, wenn deren Einhaltung nicht kontinu-
ierlich geprüft und Verstöße nicht auch sanktioniert werden. Die organisatorischen Prozesse müssen so gestaltet werden, dass eine Sicherheitskultur in Unternehmen und Behörden
auch gelebt wird.

Eine Kulturveränderung ist eng verwoben mit der Bildung und Ausbildung. Das Be-
wusstsein für Sicherheitsschwachstellen ist nur gering ausgeprägt, auch wenn die aktuelle
Diskussion über NSA, Tempora und Prism hier ein Umdenken eingeleitet hat. Kenntnisse
über erforderliche Sicherheitstechnologien sind nur wenig verbreitet und noch weniger ist
der Einsatz von Sicherheitsmaßnahmen akzeptiert, da er häufig mit Einschränkungen der
Nutzungsfreiheiten einhergeht. Bildung muss zielgruppenspezifisch gestaltet werden, da
ein Digitaler Native gänzlich andere Zugänge zur IT und der Sicherheit einschließlich der
Frage der Privatsphäre hat, als beispielsweise ein Digitaler Immigrant oder gar ein Digitaler Outsider. Hier besteht noch en ganz erheblicher Handlungsbedarf.

Auf der politischen Ebene sind normative Vorgaben notwendig, um einen Sicher-
heitsmindeststandard durch Vorgaben einzuführen. Die Forderung nach der Vorlage von
Testaten und Zertifikaten, die eine geforderte Sicherheitsqualität eines Produkts und von
Komponenten bescheinigen, wären hierzu ein wichtiger Schritt. Ein nachweislich hohes
Schutzniveau sollte geeignet inzentiviert werden, vergleichbar beispielsweise mit dem
Bankensektor, der ein gutes Risikokonzept eines Unternehmens mit niedrigen Zinszah-
lungen honoriert.

Zusammenfassung

Die Botschaft meines Vortrages ist, dass wir jetzt gefordert sind, die Cyber-Sicherheit zu
gestalten.

Dazu ist es erforderlich, alle gesellschaftlichen Kräfte einbinden. Viele offene Probleme erfordern noch weitere Forschungsaktivitäten. Gleichzeitig sind sie eine Chance, mit
gezielten Investitionen Schlüsseltechnologien für vertrauenswürdige IT in Deutschland
zu entwickeln und Standards mit zu gestalten. Um den aktuellen sehr starken Vertrauens-

verlust wieder herzustellen, sind Unternehmen gut beraten, durch Transparenz und nach-
vollziehbare Sicherheits-Maßnahmen zur Vertrauensbildung beizutragen. Zertifizierung
bzw. Testierungen von Produkten können dabei sicherlich vertrauensbildend wirken. Die
Politik hat die Aufgabe, Bildungs- und Industriepolitik zu gestalten. Wir haben derzeit
noch die Möglichkeit, sowohl technologisch, als auch bildungspolitisch Cyber-Sicherheit
zu gestalten. Wir sind sowohl in der Forschungslandschaft als auch von Seiten der Industrie in Deutschland hierzu sehr gut aufgestellt, deshalb ist meine abschließende Message:
Lassen Sie uns zusammen die Zukunft sicher gestalten.

Prof. Dr. Claudia Eckert ist Professorin der Technischen Universität München, wo sie den Lehrstuhl für IT-Sicherheit am Informatik-Fachbereich innehat. Außerdem ist sie Leiterin des Fraunhofer
AISEC in München. Als Mitglied verschiedener nationaler und internationaler industrieller Beiräte
und wissenschaftlicher Gremien berät sie Unternehmen, Wirtschaftsverbände sowie die öffentliche
Hand in allen Fragen der IT-Sicherheit. In Fachgremien wirkt sie mit an der Gestaltung der technischen und wissenschaftlichen Rahmenbedingungen in Deutschland sowie an der Ausgestaltung von
wissenschaftlichen Förderprogrammen auf EU- und Nato-Ebene.

e-security 4.0 – Sicherheitsmanagement für das Internet der Dinge

4

Jan Pelzl

Aufbauen auf den vorherigen Beiträgen werden wir nun Anforderungen für geräteseitige Security auf Prozessebene näher beleuchten. e-security 4.0 betont den Aspekt der weiteren Entwicklung der eingebetteten Security – analog zu Industrie 4.0.

Worauf müssen wir achten, wenn vernetzte Geräte mit Security ausgestattet werden und wie können entsprechenden Lösungen verwaltet werden?

e-security 4.0
Sicherheitsmanagement für das Internet der Dinge

Jan Pelzl
ESCRYPT GmbH – Embedded Security

IT-Sicherheitskonferenz, EIT ICT Labs`
Berlin, 19. September 2013

Eine zentrale Fragestellung ist die Absicherung des „Internet der Dinge" gegen Manipulation und Missbrauch. Es gibt in der Datensicherheit viele Möglichkeiten der Absicherung. Wie bekommt man jedoch die Security über den ganzen Lebenszyklus bzw. Produktlebenszyklus verwaltet? Traditionell kümmern sich beispielsweise Hersteller von Wasch-

J. Pelzl (✉)
44801 Bochum, Deutschland
E-Mail: jan.pelzl@escrypt.com

© Springer Fachmedien Wiesbaden 2014
U. Bub, K.-D. Wolfenstetter (Hrsg.), *Beherrschbarkeit von Cyber Security, Big Data und Cloud Computing*, DOI 10.1007/978-3-658-06413-6_4

maschinen und Spülmaschinen nicht um Security. Durch die zunehmende Vernetzung und neue Geschäftsmodelle wird dies aktuell und vor allem zukünftig ein notwendiger Bestandteil. Sicherheitsmanagement ist hier wesentlich moderne IKT-Technologien bieten eine einmalige Chance, diese Fragestellung zu lösen.

Sicherheit für das Internet der Dinge

Folgendes Bild, welches einer ca. 10 Jahre alten Präsentation entstammt, illustriert die Veränderung in dem Bereich der Sicherheit von eingebetteten Systemen.

Brave New World

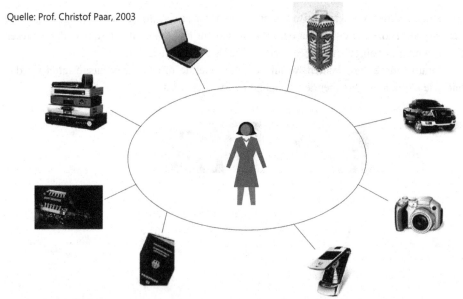

Quelle: Prof. Christof Paar, 2003

„Embedded Systems", „Ubiquitous Computing", „Pervasive Computing", „Cyber Physical Systems", „IOTS", ...

In der Darstellung sieht man verschiedene Endgeräte bzw. eingebettete Systeme: das klassische Notebook, eine Milchpackung, ein Fahrzeug, eine Set-top-Box, einen Reisepass, einen Motor und eine Kamera. Festzustellen ist, dass wir heute, mit Ausnahme der Milchpackung, überall Security integriert haben. Selbst bei Verpackungen diskutiert man derzeit die Verwendung von fälschungssicheren RFIDs.

Was sich innerhalb der letzten 10 bis 15 Jahre gezeigt hat, ist, das Security in verschiedensten Ausprägungen Einfluss hält. In den vorherigen Beiträgen haben wir gelernt, dass man schon mit wenigem Aufwand relativ viel Sicherheit erreichen kann.

Aus heutiger Sicht wird man das Bild anders aufbauen, da heutige Systeme oftmals autark mit ihrer Umwelt interagieren. Das Zentrum ist daher nicht mehr der Nutzer, sondern das System selber. Das System ist das, was abgesichert werden soll – auch ohne Interaktion des Nutzers.

Security als Querschnittsthema in der Industrie

Security ist ein allgegenwärtiges Thema und in verschiedensten Branchen notwendig. Angefangen bei der Finanzbranche, über Transportindustrie, Medizintechnik, bis hin zu der Energiebranche. Beispielhaft sei die Machine-to-Machine (M2M) Kommunikation mit entsprechenden Fragestellungen genannt:

- Wie kommunizieren Maschinen eigentlich sicher miteinander?
- Wie kann ich sicherstellen, dass Diagnosefunktion oder Software-Update im Feld vernünftig funktionieren?

Heute: Security **ist** Querschnittsthema

Diese Themen gibt es Domänen-übergreifend. Sicherer Software-Update oder Update von Leistungsmerkmalen ist heutzutage allgegenwärtig, z. B. im Bereich der sogenannten „Tuning-Protection" im Automobilbereich. In anderen Bereichen werden Geschäftsmodelle abgesichert, in welchen durch Bezahlung Feature freigeschaltet werden. Ohne Security würde das Geschäftsmodell nicht funktionieren. Hierfür benötigt man auf kryptographischer Basis ähnliche Mechanismen.

Zukunftsmarkt Security-Services

Was sich auch zeigt ist, dass gewisse Branchen, welche fern der IKT sind, bei diesen Themen keine Expertise haben oder nur schwer aufbauen können. Dies motiviert Services durch Drittanbieter, die die Verwaltung von Security in entsprechenden Systemen anbieten, um ein sinnvolles Maß an Security über den gesamten Produktlebenszyklus aufzubauen.

Embedded Security im Kontext moderner IKT

Cyber Security ist bereits „embedded".
U.a. weltweite Vernetzung von Geräten jeglicher Art (IOTS).

- **Herausforderung** für Bereiche, die historisch nicht aus der IKT kommen, sich mit IT-Sicherheit zu befassen

- **Chance**: Moderne IKT-Technologien und Lösungen ermöglichen Security Management vielfältiger Systeme

In Branchen wir der Eisenbahnindustrie haben wir teilweise Laufzeiten von Produkten von 50 Jahren und mehr. Wenn man sich in diesem Kontext über kryptografische Mechanismen Gedanken macht, wird einem die Problematik gegenüber der klassischen IT mit kurzen Lebenszyklen bewusst.

Wir müssen uns daher intelligente Lösungen überlegen, mit Hilfe derer man ggf. später im Feld Mechanismen austauschen oder aktualisieren kann. Im Vergleich zu der Safety wird eine andere Herausforderung deutlich: Bei der Safety geht es um die Zuverlässigkeit von einem System. Ist diese erreicht, ist das Ziel erreicht und eine weitere Änderung nicht notwendig. Bei der Security ist dies anders: durch ständig neue Erkenntnisse über Angriffe und auch durch neue Technologien muss die Höhe des Schutzes immer angepasst werden. Dies muss mit berücksichtigt werden.

Die Herausforderung für die einzelnen Branchen ist nun, sich mit IT-Sicherheit zu befassen, obwohl sie traditionell oft nicht IT-affin sind. Moderne IKT kann hierbei helfen. Es gibt Lösungen, die auch ein Security-Management vielfältiger diverser Systeme ermöglichen. Dies ist ein Zukunftsmarkt, welcher sich insbesondere in den kommenden Jahren bemerkbar machen wird.

Entwicklung der industriellen IT-Sicherheit

In folgender Folie ist die Entwicklung der Security in einer entsprechenden Darstellung zusammengefasst.

Entwicklung der industriellen IT-Sicherheit

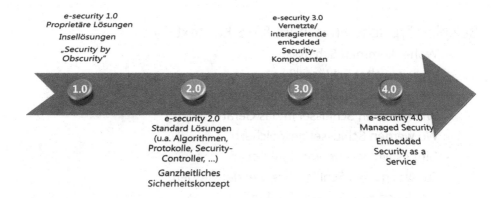

Wenn man sich die Entwicklung der industriellen IT-Sicherheit, also das, was im Feld in Geräten verbaut ist, anschaut, kann man die Entwicklung in Stufen unterteilen. e-security 1.0 ist das, was wir heute zum Teil immer noch in der Praxis sehen, sogenannte Insellösungen, oftmals basierend auf proprietäre, obskuren Lösungen. Solche Lösungen haben in der Regel eine kurze Halbwertszeit. e-security 2.0 ist hier fortgeschrittener. Man bedient sich Standardverfahren, Standardalgorithmen, die aus Sicht von Behörden und wissenschaftlichen Institutionen als sicher gelten. Ferner entwickelt man ein ganzheitliches Sicherheitskonzept, mit welchem eine Balance zwischen einzelnen Sicherheitsmechanismen realisiert wird.

e-security 3.0 berücksichtigt die Vernetzung der Geräte untereinander. Das heißt insbesondere, neue Angriffsvektoren und Schnittstellen nach außen existieren werden bezüglich der Absicherung berücksichtigt.

Schlussendlich beinhaltet e-security 4.0 zusätzlich noch das Management von Security über den gesamten Produktlebenszyklus. Neben einer sinnhaften Umsetzung von Security wird hierbei der Aspekte des Managements von Security über die Lebensdauer eines Produktes berücksichtigt. Somit wird der ganzheitliche Ansatz über die Laufzeit erweitert.

Beispiel Schlüsselmanagement

Als Motivation für die Bedeutung des Themas ist das Schlüsselmanagement ein gut geeignetes Beispiel, da es sich um ein zentrales Thema der Security handelt.

Motivation für Security Management

Beispiel: Typische Fragen im IOTS Kontext

- Woher kommen Schlüssel?
- Wer verwaltet Schlüssel?
- Wer kann Schlüssel lesen/ austauschen?
- Wie kommen Schlüssel in das Gerät?
- Wo werden Schlüssel gespeichert?
- Gibt es ein Backup von Schlüsseln?
- Für was dürfen Schlüssel verwendet werden?
- Wie lange sind Schlüssel gültig?
- Wie werden Schlüssel sicher gelöscht?

Im Wesentlichen muss man sich bei industrieller Security die Frage nach der Herkunft, der Verwaltung und der Sicherheit von Schlüsseln stellen:

- Woher kommen die Schlüssel?
- Was muss ich beachten bei der Schlüsselgenerierung?
- Wer verwaltet die Schlüssel?

- Wer hat die Schlüsselhoheit? Gerade bei komplexen Systemen wie z. B. dem Automobil, stellt sich diese Frage. Ist es der Zulieferer? Ist es der Autohersteller? Oder ist es vielleicht der Nutzer, welcher Schlüssel generiert und verwaltet?
- Wer kann die Schlüssel lesen, z. B. in der Produktion?
- Wie kommen die Schlüssel ins Gerät?
- Wo werden die Schlüssel gespeichert?
- Gibt es ein Backup von Schlüsseln? Wo liegt es? Wer hat darauf Zugriff?
- Für was dürfen die Schlüssel verwendet werden? Welche Berechtigungen haben die Schlüssel? Für welche Sachen können sie genutzt werden?
- Wie lange ist ein Schlüssel gültig? Müssen demnach Schlüssel ausgetauscht werden im Feld? Was mache ich mit den Schlüsseln am Ende des Lebenszyklus? Kann ein Angreifer diese möglicherweise verwerten? Werden die Schlüssel sicher gelöscht? Wie werden die sicher gelöscht?
- Etc.

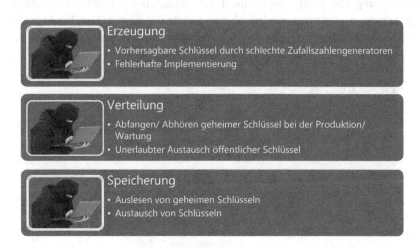

Key Lifecycle: Angriffspotential

Erzeugung
- Vorhersagbare Schlüssel durch schlechte Zufallszahlengeneratoren
- Fehlerhafte Implementierung

Verteilung
- Abfangen/ Abhören geheimer Schlüssel bei der Produktion/ Wartung
- Unerlaubter Austausch öffentlicher Schlüssel

Speicherung
- Auslesen von geheimen Schlüsseln
- Austausch von Schlüsseln

Man wird schnell bemerken, dass es hier keine Standardlösung gibt, sondern der Bedarf nach Maßgeschneiderten Lösungen existiert.

Key Lifecycle: Angriffspotential

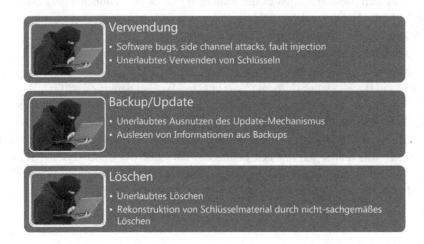

Verwendung
* Software bugs, side channel attacks, fault injection
* Unerlaubtes Verwenden von Schlüsseln

Backup/Update
* Unerlaubtes Ausnutzen des Update-Mechanismus
* Auslesen von Informationen aus Backups

Löschen
* Unerlaubtes Löschen
* Rekonstruktion von Schlüsselmaterial durch nicht-sachgemäßes Löschen

Die Verwendung von Schlüsseln ist nicht nur bezüglich der eigentlichen Anwendung wichtig, es muss auch geklärt werden, ob man Schutz vor weiterführenden Angriffen wie z. B. der Seitenkanalangriffe benötigt, wie es bei Smartcards heutzutage der Fall ist.

Beispiel: Key Management für IOTS

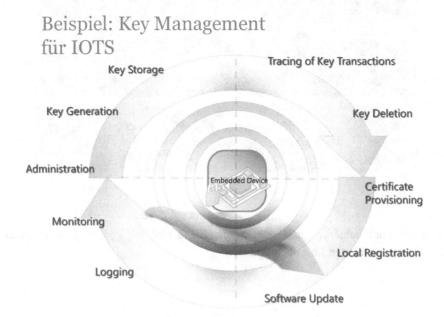

Key Storage

Tracing of Key Transactions

Key Generation

Key Deletion

Administration

Embedded Device

Certificate Provisioning

Monitoring

Local Registration

Logging

Software Update

Eine Kernbotschaft ist, dass wir darauf achten müssen, dass das Gerät im Zentrum der Sicherheitsbetrachtung steht, nicht der Nutzer. In der Regel ist es wichtig zu wissen, welche Schlüssel für welche Anwendungen in welcher Regelmäßigkeit genutzt werden, um eine Nachverfolgbarkeit zu erreichen. Insbesondere in dem Bereich des Zertifikatsmanagements für eingebettete Systeme ist eine Überwachung des Einsatzes von Schlüsseln sinnvoll, um Missbrauch rechtzeitig aufzudecken oder zu verhindern.

Als (komplexes) Beispiel für Schlüssel-Management sei die sichere C2X (Car-to-Car und Car-to-Infrastructure) Kommunikation genannt.

Beispiel: Sichere V2X Kommunikation

- Hoher Grad an Komplexität
- Hohe Anforderungen an die Security
  (vergl. IEEE1609.2 bzw. ETSI TS 103 097)

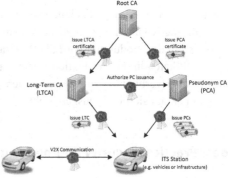

Der hohe Grad an Komplexität ergibt sich durch Anforderungen, wie beispielsweise der sicheren Kommunikation von Autos auch auf einer mehrspurigen Autobahn. Die Nachrichten müssen signiert und verifiziert werden, um Manipulationen durch gefälschte, injizierte Botschaften zu verhindern. Dies bedeutet, dass auch Zertifikate aus einer entsprechenden Zertifikatsinfrastruktur benötigt müssen. In dem rechten Bild ist diese Infrastruktur entsprechend dargestellt. Wir sehen hier eine Root-CA und eine Ebene darunter die sogenannte Long-Term-CA und eine Psydonym-CA, um verschiedene Anforderungen an die Datensicherheit und Anonymität zu gewährleisten. In diesem Anwendungsbeispiel soll es beispielsweise nicht möglich sein, dass man Autos anhand der Zertifikate nachverfolgen kann.

Sicherheit beginnt in der Entwicklung und Produktion

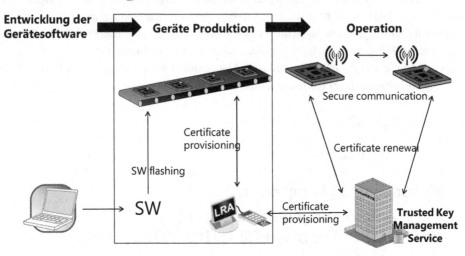

Als weiteres Praxisbeispiel nehmen wir an, es werden die Steuergeräte produziert, die im Auto für die Kommunikation zuständig sind. D. h. bei der Entwicklung der Gerätesoftware und in der Produktion wird die Software sicher eingebracht. Eine initiale Bedatung mit Zertifikaten in der Produktion findet statt. Im Feld wird über entsprechende Mechanismen über Verbindung zu einer vertrauenswürdigen Infrastruktur die Zertifikate im Lebenslauf aktualisiert bzw. ausgetauscht

Best Practice: Security Engineering

Wie geht man üblicherweise bei sicherem Systemdesign vor? Analog zu dem klassischen Engineering verfährt man auch bei dem Security-Engineering. Beginnend bei der Anforderungsanalyse bezogen auf Security, führt man Konzeption und Spezifikation bis hin zur Umsetzung und zum Testen durch.

Best Practice:
Wie erreiche ich Sicherheit?

- Anforderungsanalyse
- Konzept
- Spezifikation
- Umsetzung
- Operation/ Managed Service

Die Besonderheit bei Security-Systemen ist, dass man die Security bei Betrieb des Systems berücksichtigen muss. Im Klartext bedeutet dies, dass Management von Security ggf. auch Bestandteil des Security-Engineerings sein muss.

Im Rahmen der Anforderungsanalyse wird i.d. R über eine Risikoanalyse der Schutzbedarf festgelegt. U.a. werden dabei auch Fragestellungen bezogen auf die Security über den gesamten Lebenszyklus berücksichtigt, wie z. B. wie und von wem wird das Gerät verwendet? Welche Prozesse müssen bezgl. Security beachtet werden?

Eine Risiko-Bewertung erfolgt im Wesentlichen durch die Betrachtung von Eintrittswahrscheinlichkeiten erfolgreicher Angriffe (Attack Potential) und dem zu erwartenden Schaden (Damage Potential). Der erwartete Schaden ist oftmals recht schwer zu beziffern, da es sich bspw. auch um einen Rufschaden handeln kann.

Best Practice:
Bewertung von Schwachstellen

Für die Bewertungsmetrik gibt es entsprechende Standards wie die Common Criteria (CC). Angriffspotenzial kann so beispielsweise nach CC bewertet werden, indem man die notwendigen Kompetenzen und technologischen Voraussetzungen für einen erfolgreichen Angriff beziffert.

Best Practice:
Bewertung von Schwachstellen

- **Beispiel Risiko Matrix:**
  Risiko-Klassifikation durch Kombination eines erfolgreichen Angriffs
  (*attack potential*) und dem erwarteten Verlust durch diesen Angriff
  (*damage potential*)

AP↓	Probability reference	Risk assessment = Adapted 6x4 risk matrix from railway safety engineering [EN50126]			
Basic	Certain	Undesirable	Inacceptable	Inacceptable	Inacceptable
Enhanced Basic	Likely	Tolerable	Undesirable	Inacceptable	Inacceptable
Moderate	Possibly	Tolerable	Undesirable	Inacceptable	Inacceptable
High	Unlikely	Negligible	Tolerable	Undesirable	Inacceptable
Beyond High	Rare	Negligible	Negligible	Tolerable	Inacceptable
	Practically infeasible	Negligible	Negligible	Negligible	Undesirable
DP →		Insignificant	Medium	Critical	Catastrophic

Aus den jeweiligen Ergebnissen wird eine Bewertungsmatrix generiert, mit deren Hilfe die Risiken eines Systems dargestellt werden. In dem Beispiel sieht man, dass die rot gekennzeichneten Risiken nicht akzeptabel sind und man hierfür entsprechende Maßnahmen definieren muss.

Zusammenfassung

Zusammenfassung:
Sicherheitsmanagement für IOTS

- **Gerätezentrisches** Management notwendig
  - Berücksichtigung von typischen Rahmenbedingungen eingebetteter Systeme (Anwendung/ Angriffsverktoren/ geringe Leistung/ Bandbreite/ Erreichbarkeit/ Diversität/ Lebensdauer)
  - Automatismen zum Versorgen von eingebetteten Geräten im Feld mit Schlüsseln und Zertifikaten
- **Durchgängigkeit** der Lösung
  - Eingebettete Security
  - Sichere Kommunikation
  - Sicheres Backend
  - Sichere Prozesse

Zukünftig wird die Geräte-zentrische Betrachtungsweise von Security aufgrund von zunehmenden Automatismen im Bereich der Industrie zunehmend wichtiger. Durchgängige Security-Lösungen erhält man durch ein solides Engineering der Security auf Systemebene.

Ausblick

* Zukunftsmarkt: Management von Security durch moderne IKT für „IKT-ferne" Bereiche
* **Das Gerät steht im Mittelpunkt der Sicherheitslösung**

Der Trend von zunehmender automatisierter Kommunikation von Endgeräten bedingt Lösungen, die sich mit dem Security-Management beschäftigen.

Dieser Zukunftsmarkt ist eine Chance, mit moderner IKT auch klassische Industrie-Domänen mit vernünftigen Security-Lösungen auszustatten.

Dr. Jan Pelzl arbeitet seit 1999 auf dem Gebiet der eingebetteten IT-Sicherheit. Er führte erfolgreich viele nationale und internationale Projekte im Bereich der Datensicherheit und angewandten Kryptografie durch und veröffentlichte zahlreiche Publikationen zu diesem Thema auf renommierten internationalen Konferenzen und Zeitschriften. Dr. Pelzl ist seit 2007 Geschäftsführer der ESCRYPT GmbH und verantwortlich für den gesamten Bereich Entwicklung. Vor seiner Tätigkeit bei der ESCRYPT beschäftigte sich Jan Pelzl auf vielfältige Art und Weise mit der Sicherheit moderner IT-Systeme. 1997 erhielt er den Facharbeiterbrief als Kommunikationselektroniker bei der Firma Bosch Telecom mit Auszeichnung durch die IHK.

Datenschutz und Datensicherheit für Intelligente Messsysteme

5

Dennis Laupichler

Einleitung

Die zukünftigen Energieversorgungssysteme, insbesondere die dazu verwendeten intelligenten Messsysteme, erfordern verbindliche und einheitliche sicherheitstechnische Vorgaben und funktionale Anforderungen. Intelligente Messsysteme sollen neben einer zeitnahen Verbrauchstransparenz und der sicheren Übermittlung der Messdaten auch elektronische Verbraucher und Erzeuger besser steuern, so dass ein besseres Last- und Einspeisemanagement im Verteilnetz ermöglicht werden kann. Daher sind Datenschutz und Datensicherheit für die Akzeptanz von intelligenten Messsystemen in der Gesellschaft eine wesentliche Voraussetzung, um die energiepolitischen Ziele der EU und der Bundesrepublik Deutschland vor dem Hintergrund der Energiewende umsetzen zu können. Die hierfür notwendigen Innovationen stellen Staat, Wirtschaft und nicht zuletzt auch den Letztverbraucher vor neue Herausforderungen.

Vor diesem Hintergrund wurde das BSI durch das BMWi im September 2010 mit der Erarbeitung von Schutzprofilen (Protection Profile, PP) sowie im Anschluss einer Technischen Richtlinie (TR) für die Kommunikationseinheit eines intelligenten Messsystems (Smart Meter Gateway) beauftragt, um einen einheitlichen technischen Sicherheitsstandard für alle Marktakteure zu gewährleisten.

Die beiden Schutzprofile PP-0073 (Smart Meter Gateway) und PP-0077 (Security Module) sowie die Technische Richtlinie BSI-TR-03109 sind das Ergebnis eines transparenten und gemeinsamen Abstimmungsprozesses mit Verbänden aus den Bereichen Telekommunikation, Energie, Informationstechnik, Wohnungswirtschaft und Verbraucherschutz. Sicherheitsstandards können nur dann erfolgreich sein, wenn sie auf breite Akzeptanz bei Herstellern und Anwendern stoßen.

D. Laupichler (✉)
53175 Bonn, Deutschland
E-Mail: dennis.laupichler@bsi.bund.de

© Springer Fachmedien Wiesbaden 2014
U. Bub, K.-D. Wolfenstetter (Hrsg.), *Beherrschbarkeit von Cyber Security,*
Big Data und Cloud Computing, DOI 10.1007/978-3-658-06413-6_5

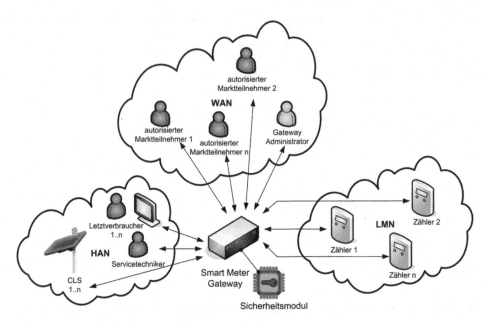

Abb. 5.1 Das Smart Meter Gateway und seine Umgebung

Das Smart Meter Gateway und seine Umgebung

In einem intelligenten Messsystem bildet die Kommunikationseinheit, das Smart Meter Gateway (SMGW), die zentrale Kommunikationskomponente, die Messdaten von Zählern empfängt, mit einem Zeitstempel speichert und diese für verschiedene Marktakteure aufbereitet.

Das SMGW kommuniziert dabei zur Messdatenübertragung wie auch zu seiner Administration mit verschiedenen Komponenten und beteiligten Marktakteuren (Abb. 5.1).

Durch seine zentrale Aufgabe des Empfangs, der Verarbeitung und des Versands der Messdaten werden besondere Anforderungen hinsichtlich der Sicherheit an das SMGW gestellt. Deswegen werden die Kommunikationsflüsse zwischen dem SMGW sowie den übrigen Komponenten und beteiligten Marktakteuren verschlüsselt und somit in Bezug auf Integrität, Authentizität und Vertraulichkeit abgesichert. Das SMGW bedient sich hierzu eines Sicherheitsmoduls, das zum einen als sicherer Speicher für das zur Verschlüsselung erforderliche kryptographische Schlüsselmaterial dient. Zum anderen stellt es die kryptographischen Kernroutinen für Signaturerstellung und -prüfung, Schlüsselgenerierung, Schlüsselaushandlung sowie Zufallszahlengenerierung für das SMGW bereit.

Abgeleitet von der Systemarchitektur muss ein SMGW drei physikalische Schnittstellen, jeweils eine für das Weitverkehrsnetz (Wide Area Network, WAN), das Lokale Metrologische Netz (Local Metrological Network, LMN) sowie das Heimnetz (Home Area Network, HAN), bereitstellen.

Im WAN kommuniziert das SMGW mit den externen Marktteilnehmern und insbesondere auch mit dem SMGW-Administrator. Im LMN kommuniziert das SMGW mit den angebundenen Zählern (Strom, Gas, Wasser, Wärme) eines oder mehrerer Letztverbraucher. Die Zähler kommunizieren ihre Messwerte über das LMN an das SMGW. Im HAN des Letztverbrauchers kommuniziert das SMGW mit den steuerbaren Energieverbrauchern bzw. Energieerzeugern (Controllable Local Systems, CLS, also z. B. intelligente Haushaltsgeräte, Kraft-Wärme-Kopplung- oder Photovoltaik-Anlagen). Des Weiteren stellt das SMGW Daten für den Letztverbraucher bzw. für den Service-Techniker im HAN bereit.

Um an diesen Schnittstellen vielfältige Anwendungszwecke abdecken zu können, bedarf es einer Festlegung der notwendigen Kommunikationsprotokolle. Darüber hinaus bewirkt diese Festlegung, dass ein SMGW, unabhängig der zugrunde liegenden Hard- und Software-Eigenschaften, auch mit Komponenten anderer Hersteller interagieren kann.

Tarifierung

Bei der Entwicklung des Schutzprofils und der Technischen Richtlinie werden insbesondere Datenschutzanforderungen für das Smart Meter Gateway berücksichtigt, um das Erzeugen von detaillierten Nutzerprofilen und das einhergehende, große Ausforschungspotenzial in Bezug auf die Lebensgewohnheiten des Endkunden zu verhindern. Hierzu können Auswertungsprofile im SMGW ausgestaltet werden, so dass für verschiedene, dezentral abgebildete Tarifprofile nur die notwendigen, abrechnungsrelevanten Verbräuche zur Verfügung gestellt werden können. Dadurch wird die geforderte Datenvermeidung und notwendige Datensparsamkeit erreicht. Das Tarifierungskonzept der Technischen Richtlinie definiert hierzu die möglichen Operationen und Parameter, die für die verschiedenen Anwendungszwecke herangezogen werden können. Das SMGW kann zudem bei einer Auswertung von Netzstatusdaten dafür sorgen, dass nur pseudonymisierte Messdaten an externe Marktakteure versendet werden. In Anwendungsfällen mit besonderer Zweckbindung können bestimmte Netzzustandsdaten mit Zähler-Bezug versendet werden.

Zertifizierung

Um sicherzustellen, dass ein Smart Meter Gateway den gesetzlichen Vorgaben an Sicherheit und Interoperabilität genügt, muss es sowohl nach Schutzprofil als auch nach Technischer Richtlinie durch das BSI zertifiziert werden. Des Weiteren bedarf es aufgrund des Eichrechts einer Zulassung durch die Physikalisch-Technische Bundesanstalt (PTB). Bei der Entwicklung des Schutzprofils und der Technischen Richtlinie wurde darauf geachtet, dass möglichst viele eichrechtlichen Anforderungen der PTB in die Dokumente des BSI einfließen, um Mehraufwände und Doppelprüfungen im Zertifizierungs- und Zulassungsprozess zu vermeiden und Synergieeffekte zu erzielen.

Ausblick

Der Referentenentwurf zur Verordnung über technische Mindestanforderungen an den Einsatz intelligenter Messsysteme (Messsystemverordnung – MsysV) nach § 21i Energiewirtschaftsgesetz (EnWG) wurde am 20. März 2013 gemeinsam mit den beiden Schutzprofilen SMGW (BSI-CC-PP-0073 V1.2) und Sicherheitsmodul (BSI-CC-PP-0077 V1.0) sowie der Technischen Richtlinie 03109 (V1.0) bei der EU-Kommission zur Notifizierung eingereicht. Die sogenannte „Stillhaltefrist" im Rahmen der Notifizierung endete zum 23. September 2013. Für eine Verabschiedung der Messsystemverordnung und die Verrechtlichung von Schutzprofil und Technischer Richtlinie ist nun nach einem Kabinettbeschluss noch die Zustimmung des Bundestages und des Bundesrates erforderlich.

Am 30. Juli 2013 wurden zudem die Ergebnisse der Kosten-Nutzen-Analyse (KNA) durch das BMWi/Ernst & Young vorgestellt. Die Kosten-Nutzen-Analyse steckt das Mengengerüst und den Kostenrahmen für den Roll-Out intelligenter Messsysteme ab und gibt einen Ausblick auf die zu erwartenden Festlegungen des noch ausstehenden Verordnungsrahmens zum EnWG.

Letztlich sind intelligente Messsysteme gesamtwirtschaftlich nicht sinnvoll, sofern nur der Energieverbrauch gemessen und flexibel tarifiert wird. Vielmehr müssen dezentrale Lasten und Erzeuger über intelligente Messsysteme gesteuert werden können, um im Gegenzug Einsparungen beim Netzausbau in den Verteilernetzen erzielen zu können. Bis 2022 sollen nach der Kosten-Nutzen-Analyse ca. 11,9 Mio. intelligente Messsysteme ausgerollt werden.

Fazit

Intelligente Messsysteme sind wichtige Bausteine im intelligenten Verteilnetz und benötigen „Security by Design". Schutzprofil und Technische Richtlinie gewährleisten ein hohes Maß an Datenschutz- und Datensicherheit und sorgen für einen einheitlichen und interoperablen technischen Sicherheitsstandard im künftigen Energieversorgungssystem. Daher sind Vertrauen und Akzeptanz durch Umsetzung der Vorgaben wesentliche Erfolgsfaktoren.

Die Einhaltung des Schutzprofils und der Technischen Richtlinie werden durch entsprechende Prüfungen bei neutralen, unabhängigen Prüflaboren mit abschließenden Zertifikaten des BSI nachgewiesen. Zudem schafft die Zertifizierung nach dem internationalen Standard der Common Criteria für die Hersteller entsprechender Geräte die Möglichkeit einer internationalen Anerkennung und Vermarktung.

Dennis Laupichler ist als Diplom-Wirtschaftsinformatiker seit 2006 Referent beim Bundesamt für Sicherheit in der Informationstechnik (BSI) im Referat S21 (Industriekooperation und Standardisierung) und seit 2010 Leiter der Projektgruppe Energiewirtschaftsgesetz und Smart Metering.

Joachim Posegga

Das Internet der Dinge ist eine eher evolutionäre als revolutionäre Entwicklung, die sich in den nächsten Jahren jedoch rasant entwickeln wird. Die Geschwindigkeit, mit der wir hier Innovationen begegnen werden, wird sich – gemäß Moore's Law, auf das ich später noch zu sprechen komme – exponentiell entwickeln. Wir stehen hier gerade erst am Anfang.

Sicherheit
im Internet der Dinge

Prof. Dr. Joachim Posegga
Institut für IT-Sicherheit und Sicherheitsrecht
Universität Passau

Eine der größten Herausforderungen im Bereich des Internets der Dinge ist IT-Sicherheit; umso erfreulicher ist es, dass ich Ihnen von einem neuen Forschungsverbund in Bayern berichten kann, der sich unter anderem diesem Thema widmet, lassen Sie mich zunächst kurz darauf eingehen.

J. Posegga (✉)
94032 Passau, Deutschland
E-Mail: joachim.posegga@uni-passau.de

© Springer Fachmedien Wiesbaden 2014
U. Bub, K.-D. Wolfenstetter (Hrsg.), *Beherrschbarkeit von Cyber Security,*
Big Data und Cloud Computing, DOI 10.1007/978-3-658-06413-6_6

Bayerischer Forschungsverbund

Sicherheit hochgradig vernetzter Systeme

Koordination:

Prof. Dr. Günther Pernul
Universität Regensburg

Prof. Dr. Guido Schryen
Universität Regensburg

Verbundpartner:

Prof. Dr. Claudia Eckert
TU München

Prof. Dr. Doğan Kesdoğan
Universität Regensburg

Prof. Dr. Felix Freiling
FAU Erlangen-Nürnberg

Prof. Dr. Joachim Posegga
Universität Passau

Prof. Dr. Hans Peter Reiser
Universität Passau

Prof. Dr. Hermann de Meer
Universität Passau

Am 1. September 2013 richtete das Wissenschaftsministerium einen neuen interdisziplinären Forschungsverbund zum Thema „Sicherheit in hochgradig vernetzten IT-Systemen (FORSEC)" ein. Dafür stellt der Freistaat knapp dreieinhalb Millionen Euro Fördermittel bereit und investiert damit signifikant in das Thema IT-Sicherheit, das als strategisch wichtig erkannt wurde. Der Verbund vereinigt drei bayerische Universitäten, die komplementäre Kompetenzen in den Verbund einbringen. Koordiniert wird der Verbund von den Kollegen Günther Pernul und Guido Schryen aus der Regensburger Wirtschaftsinformatik. Ich bin sicher, wir werden hier nicht nur zu dem Thema sicheres Internet der Dinge signifikante Beiträge leisten können.

Daten und Fakten

Bayerisches Staatsministerium für
Wissenschaft, Forschung und Kunst

- Laufzeit: 01.09.2013 bis 31.08.2017
- Inhalt: 11 integrierte Teilprojekte

Unterstützer aus Wirtschaft, Verwaltung und Industrie:

Der Verbund wird über 4 Jahre laufen und insgesamt elf Teilprojekte fördern; wir freuen uns insbesondere über die Unterstützung aus Wirtschaft und Verwaltung, die uns bereits im Vorfeld sehr geholfen hat, Themen zu identifizieren und Herangehensweisen festzulegen, die ein hohes Potential für wissenschaftliche Erkenntnisse und darauf aufbauend auch für Innovationen im Gebiet der IT-Sicherheit haben.

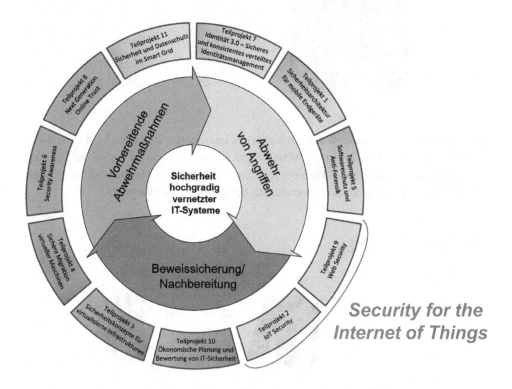

Der Forschungsverbund ist bewusst breit angelegt und deckt drei Phasen der Sicherung von Systemen ab: Vorbereitende Abwehrmaßnahmen, aktive Abwehr von Angriffen und schließlich die Nachbereitung z. B. in Form von Beweissicherung. Die einzelnen Teilprojekte schließen diesen Ring indem sie zueinander entsprechende Schnittstellen vorweisen. Das Thema Sicherheit im Internet der Dinge wird vorrangig aus der Perspektive der Abwehr von Angriffen, aber auch der Beweissicherung (z. B. durch vernetzte Sensoren) betrachtet.

Internet der Dinge
Eine offensichtliche Entwicklung?

*In a few decades time,
computers will be interwoven
into almost every industrial
product.*

Karl Steinbuch, 1966

Wenden wir uns aber zunächst der Evolution des Internet der Dinge zu. Man kann diese Entwicklung mindestens bis in die Mitte der sechziger Jahre zurückverfolgen: Die hier zitierten Worte des Informatik-Pioniers Karl Steinbuch belegen klar den Visionär; diese Vision –in Zeiten der Großrechner vermutlich belächelt– ist offensichtlich.

Virtual Reality

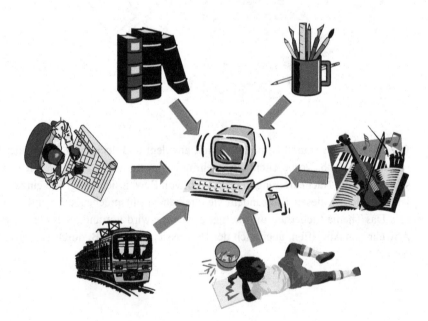

Das Thema Internet der Dinge wurde ab Mitte der 90er Jahre als „Ubiquitous Computing" in der Forschung bearbeitet. Hier meine eigene Sicht auf das Phänomen, das wir damals in einem der von EURESCOM geförderten Projekte untersuchten: Damals war gerade virtuelle Realität, also die Abbildung der realen Welt in Computer ein „Trend-Thema", Ubiquitous Computing lässt sich sehr schön als gegenläufige Entwicklung darstellen:

Virtual Reality is Roughly the Opposite of Ubiquitous Computing:

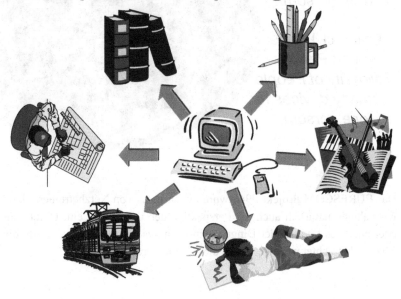

Anstatt die reale Welt in Rechnern zu simulieren, werden Rechner in die Objekte der realen Welt integriert.

A Perspective of Evolving Networks

- Connect Locations (sockets in walls): *Mobility of Data (one device for many persons)*

- Connect Devices: *Mobility of Devices (one device for one person)*

- Connect Things around People: *Mobility of People (many devices for one person)*

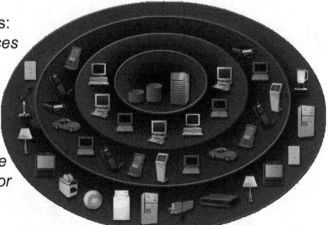

Das EURESCOM Projekt P946 wurde im Auftrag von Netzbetreibern durchgeführt, und wir nahmen natürlich auch die Perspektive der Vernetzung ein: Ubiquitous Computing, oder auch das Internet der Dinge, kann auch aus der Perspektive der Evolution der Vernetzung betrachtet werden, wie es dieses Bild veranschaulicht.

August 2013: Das Internet der Dinge ist Realität!

Definition of **Internet of things** in English

Internet of things

noun

a proposed development of the Internet in which everyday objects have network connectivity, allowing them to send and receive data:

if one thing can prevent the Internet of things from transforming the way we live and work, it will be a breakdown in security

Wann kommt eine solche evolutionäre, langjährige Entwicklung nun endgültig in der Realität an? Die Aufnahme des Begriffes „Internet of Things" in das Oxford Dictionary mag hier als Markierung dienen, das Internet der Dinge ist also seit August 2013 real!

Der „enabler": Moore's Law

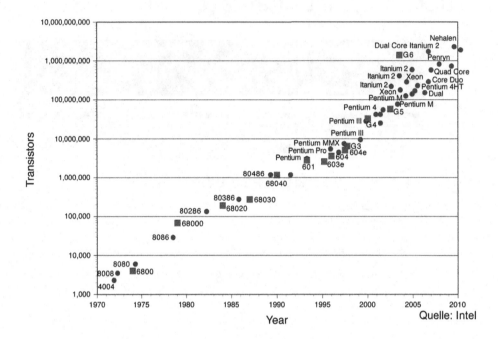

Interessanterweise wird das Internet der Dinge durch eine Entwicklung ermöglicht, die erst einmal wenig mit der Technologie selbst oder deren Anwendungen zu tun hat, nämlich der rasanten Entwicklung im Hardware-Bereich: Etwa alle 18 Monate wird eine Verdopplung der Leistung erreicht. Hier ist dies auf einer logarithmischen Skala für Intel-Prozessoren dargestellt.

Moore's Law?

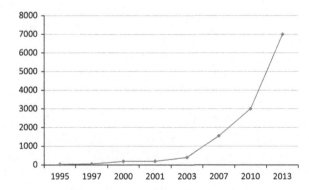

Eine „richtige" Exponentialfunktion sieht ungefähr wie diese aus. Interessant ist hier vor allem, dass die „spannendste" Phase erst am Ende der Entwicklung zu beobachten ist: Die jüngste Vergangenheit schlägt die Jahre davor immer um Längen, dies können wir gerade aktuell beobachten. Der wirklich aufregende Teil kommt aber erst noch!

Man mag einwenden, dass diese drastische Leistungssteigerung in der Praxis eigentlich kaum zu beobachten ist und ein PC heute mehr oder weniger genauso schnell arbeitet wie noch vor 10 Jahren. Der Grund dafür liegt auch in dieser Graphik: de facto stellt sie nicht Moore's Law dar, sondern den Platzbedarf einer Microsoft Office Installation in mByte – die im Endeffekt Moore's Law zu kompensieren scheint – es bleibt zu hoffen, dass eingebettete Systeme hier mehr als PCs von der Entwicklung der Hardware profitieren!

Internet der Dinge:
Was heißt das in der Praxis?

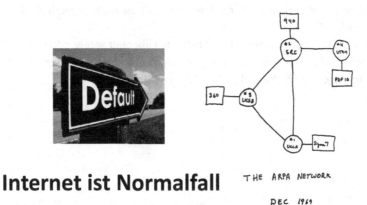

Internet ist Normalfall

THE ARPA NETWORK

DEC 1969

Was genau steckt nun hinter dem Schlagwort „Internet der Dinge"?

Im Endeffekt steht dies für den „Normalfall Internet", d. h. mehr oder weniger jeder Alltagsgegenstand wird vernetzt sein, entweder in dem er selbst über IP kommunizieren kann, oder indem Stellvertreter-Objekte im Internet dies tun werden. Die Kommunikation selbst wird über Web-Protokolle erfolgen, HTML5 und JavaScript etablieren sich hier gerade als lingua franca zur Programmierung der Plattformen und deren Kommunikation.

IoT Security

- Sicherheit und das Internet der Dinge
    - <u>Sicherheit</u> im Internet der Dinge (Services, PKI, etc.)?
    - <u>Sicheres Internet</u> der Dinge (Netz-Sicherheit) ?
    - Internet der <u>sicheren Dinge</u> (Plattformen, Sensoren) ?

Es gibt keine kritischen Infrastrukturen, nur kritische Anwendungen.

Dieter Gollmann, ISPEC 2011

Wenden wir uns nun dem Thema Sicherheit zu: Was bedeutet eigentlich Sicherheit im Internet der Dinge?

Wie in vielen Fällen ist auch hier die Antwort nicht offensichtlich: Eine Perspektive sind Sicherheits-Services im Internet der Dinge, also PKI usw.; weiterhin kann man Netzsicherheit betrachten (sicheres Internet), oder auch die Sicherheitseigenschaften der „Dinge" selbst.

Alle diese Betrachtungen sind im Abstrakten aber nur wenig nützlich, wie so oft in der Sicherheit kommt es darauf an, was man damit macht. Wir müssen also Anwendungen betrachten, „generische Sicherheit" ist nur bedingt hilfreich.

IoT for Smart Cities: Privacy

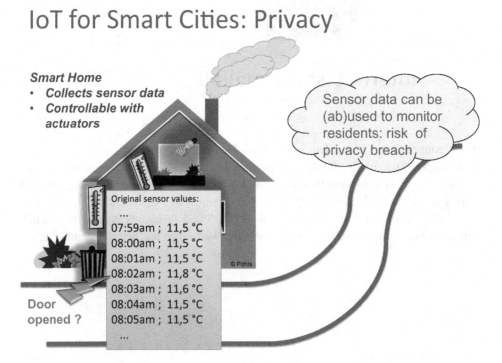

Smart Home
- **Collects sensor data**
- **Controllable with actuators**

Sensor data can be (ab)used to monitor residents: risk of privacy breach

Original sensor values:
...
07:59am ; 11,5 °C
08:00am ; 11,5 °C
08:01am ; 11,5 °C
08:02am ; 11,8 °C
08:03am ; 11,6 °C
08:04am ; 11,5 °C
08:05am ; 11,5 °C
...

Door opened ?

© Pöhls

Betrachten wir das einfache Szenario eines Temperatursensors an einem Haus. Ein solcher Sensor hat mannigfaltige Anwendungen, von der Steuerung der Heizung bis zur Wettervorhersage. Man kann aus seinen Daten eventuell auch Informationen ableiten, die weniger offensichtlich sind: Steigt die Temperatur eines Sensors in der Nähe einer Tür etwa in der dargestellten Art, so kann man daraus schließen, dass wohl die Tür des Hauses geöffnet wurde.

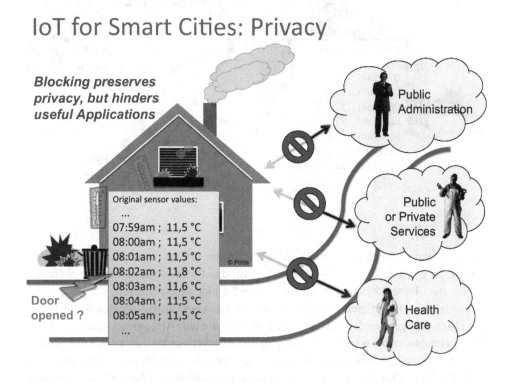

Solange solche Daten quasi Haus-intern verarbeitet werden, mag man zunächst keine unmittelbaren Sicherheitsbedenken haben. Damit beschränkt man aber auch den Nutzen solcher Daten, denn eigentlich möchte man ja auch vom vernetzten Internet der Dinge profitieren! Teilt man die Informationen aber mit anderen Diensten/Dienstleistern, so ist ein Datenschutzproblem offensichtlich: Möchte ich wirklich, dass Dritte wissen, wann ich meine Haustüre öffne?

IoT for Smart Cities: Privacy

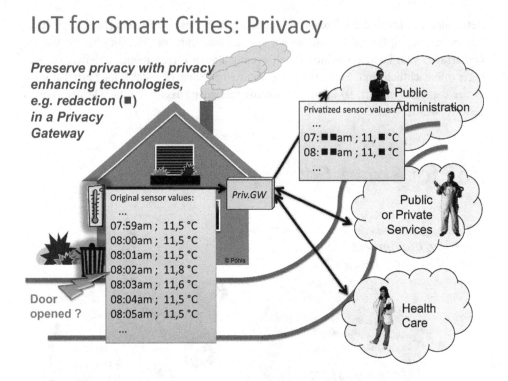

Preserve privacy with privacy enhancing technologies, e.g. redaction (■) in a Privacy Gateway

Privatized sensor values:
...
07: ■ ■am ; 11, ■ °C
08: ■ ■am ; 11, ■ °C
...

Public Administration

Public or Private Services

Original sensor values:
...
07:59am ; 11,5 °C
08:00am ; 11,5 °C
08:01am ; 11,5 °C
08:02am ; 11,8 °C
08:03am ; 11,6 °C
08:04am ; 11,5 °C
08:05am ; 11,5 °C
...

Priv.GW

© Pöhls

Door opened ?

Health Care

Dieses konkrete Problem ist zugegebenermaßen konstruiert, eignet sich aber hervorragend um ein technisches Prinzip zu erläutern, das Datenschutz und Privatsphäre mit technischem Integritätsschutz kombiniert: Es wäre hier wünschenswert, die anfallenden Sensordaten leicht redigiert weiter zu geben, so dass keine unerwünschten Schlüsse aus den Daten gezogen werden können, eine Funktion, die eine Art „privacy gateway" übernehmen könnte. Dabei wären „inhouse" präzise Daten verwendbar, die nach außen weitergeleiteten Werte („privatized sensor values") aber bez. Zeit und Messwert gerundet.

Leider hieße dies aber entweder auf den Integritätsschutz der Sensordaten außerhalb des Hauses verzichten zu müssen, oder diesen an das privacy gateway zu delegieren. Eleganter ist es am Ursprung der Daten, also dem Sensor, entsprechende Vorkehrungen zu treffen.

Sanitizable Signatures

- **Sanitizable Signatures erlauben nachträgliches Ändern ("sanitizing") signierter Daten durch (autorisierte) Dritte**
  - *Keine Interaktion mit dem Signaturersteller*
  - *Signatur bleibt trotz geänderter Daten gültig*

Spezielle Techniken im Umfeld digitaler Signaturen erlauben es, Teile der signierten Daten später in definierter Art und Weise, also zum Beispiel „datenschutzfreundlich", zu verändern. Diese im Englischen „Sanitizable Signatures" ermöglichen also eine Steuerung der Datenverwendung an der Quelle der Daten – dies genau ist die Intention des technischen Datenschutzes.

Sanitizable Signatures

- **Drei Rollen:**
  - **Signer**
  - **Sanitizer**
  - **Verifier**

Wir veranschaulichen dies auf den folgenden Bildern, die die Rollen der Datenquelle („signer"), des sog. „sanitizer" und des Verifizierers der Daten veranschaulichen.

Sanitizable Signatures

- Drei Rollen:
  - Signer

    - besitzt Schlüsselpaar (sk_{sig}, pk_{sig})
    - kennt Public Key des Sanitizers (pk_{san})
    - ADM: Indizes von m die geändert werden können
    - Erstellt Signatur
      $-(m, \sigma) \leftarrow Sign(m, sk_{sig}, pk_{san}, ADM)$
      – Sendet dies dem Sanitizer
  - Sanitizer
  - Verifier

An der Datenquelle wird eine Signatur berechnet, die über definierte Kollisionen der hash-Funktion der Signatur nachträgliche Veränderungen der Daten zulassen. Die notwendigen Informationen um diese Veränderungen durchzuführen werden mit dem Public Keys des Sanitizers verschlüsselt.

Sanitizable Signatures

- **Drei Rollen:**
  - **Signer**
  - **Sanitizer**

    - **besitzt Schlüsselpaar** (sk_{san}, pk_{san})
    - **erhält** (m, σ)
    - **MOD** $\subseteq$ **ADM: veränderte Daten**
    - **„keine Änderung" ist möglich**
    - $(m', \sigma') \leftarrow Sanitize(m, MOD, \sigma, pk_{sig}, sk_{san})$
  - **Verifier**

Der Sanitizer kann nun an definierten Stellen die vorliegenden Daten verändern. Man beachte, dass der Ersteller der initialen Signatur bestimmt, was der Sanitizer verändern kann. Diese Möglichkeit bestünde nicht, wenn der Sanitizer eine „autarke" Signatur erstellen würde.

Sanitizable Signatures

- **Drei Rollen:**
  - **Signer**
  - **Sanitizer**
  - **Verifier**

    - **vertraut** pk_{sig}
    - $\{true, false\} \leftarrow Verify(m', \sigma', pk_{sig})$

Authentizität und Integrität von Daten – verbunden
mit technischem Datenschutz

Die Verifikationsphase verläuft wieder „konventionell", indem die Gültigkeit der Signatur überprüft wird.

IoT for Smart Cities: Privacy

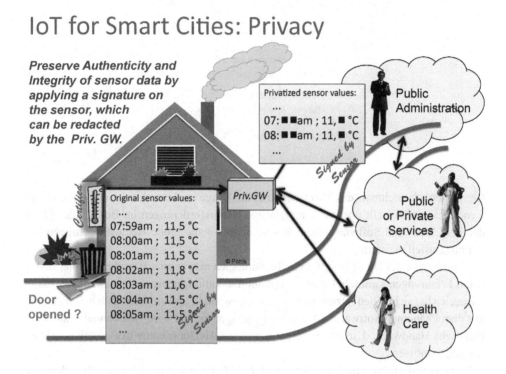

Preserve Authenticity and Integrity of sensor data by applying a signature on the sensor, which can be redacted by the Priv. GW.

Privatized sensor values:
...
07: ■ ■am ; 11, ■ °C
08: ■ ■am ; 11, ■ °C
...

Public Administration

Original sensor values:
...
07:59am ; 11,5 °C
08:00am ; 11,5 °C
08:01am ; 11,5 °C
08:02am ; 11,8 °C
08:03am ; 11,6 °C
08:04am ; 11,5 °C
08:05am ; 11,5
...

Priv.GW

Public or Private Services

Health Care

Door opened ?

© Pöhls

Als Ergebnis erhalten wir durch diese Verfahren eine Methode, am Ursprung von Daten deren spätere Veränderung steuern zu können und so z. B. Datenschutzanforderungen umsetzen zu können. Trotz partieller Veränderungen von Daten kann Integrität gewahrt bleiben, indem explizit definiert wird, welche Rechte ein Sanitizer besitzt.

Das Internet der Dinge: Herausforderungen

- Das Internet der Dinge basiert auf Web-Protokollen
  - *Web-Security ist Krisenmanagement*
- Software-Sicherheit: Software ist integraler Bestandteil des Produkts
- Update-Management und Innovationszyklen
  - *vgl.: Telekommunikation, Automobilindustrie, Handwerk*

Welche Sicherheitsfunktionen an welcher Stelle?
  - Infrastruktur- vs. Anwendungssicherheit

Failure is not an option; it's a choice.

Betrachten wir nochmals das Thema Internet der Dinge im Abstrakten: Gerade dieser Anwendungsbereich stellt uns vor mannigfaltige Herausforderungen im Bereich der IT-Sicherheit: Web- und Softwaresicherheit sind bereits heute große Herausforderungen, die wir nur partiell meistern.

Das Internet der Dinge bringt diese Technologien nun in eine Branche, die hier bisher kaum Erfahrungen sammeln konnte: Telekommunikationsunternehmen und der Automobilbereich hat sich in den letzten Jahren enorm gewandelt und zu einem guten Teil gelernt, mit dem Phänomen Software in Produkten umzugehen, nun wird sich vermehrt auch das klassische Handwerk, d. h. Elektriker, Handwerker, Heizungsbauer usw. damit auseinander setzen müssen.

Die Herausforderungen, die dies mit sich bringt sind nochmal deutlich höher, denn die Strukturen in diesen Betrieben sind bisher so gut wie gar nicht auf die Problematik ausgerichtet und das Thema IT-Sicherheit ist als Problemfeld kaum erkannt.

Prof. Dr. Joachim Posegga trat 1995 in das Technologiezentrum der Deutschen Telekom ein. Er wechselte 2000 zu SAP, wo er die Sicherheitsforschung in Karlsruhe und Sofia leitete. 2004 ging Joachim Posegga an die Universität Hamburg. Dort hatte er einen Lehrstuhl für IT-Sicherheit inne. Sein weiterer Weg führte ihn dann 2008 an die Universität Passau zum neuen Lehrstuhl für IT-Sicherheit.

Cloudbasierte Trustcenterleistungen: Neue Perspektiven für signaturkarten und Authentisierungstoken

7

Kim Nguyen

Zusammenfassung

Im Jahre 1968 wurde das erste bahnbrechende Patent zur Chipkarte erteilt, und mittlerweile hat die Chipkartentechnologie in vielen unterschiedlichen Bereichen Einzug gehalten. Einige Beispiele sind neben Mobilfunk, Bezahlsysteme, Krankenkassen- und Gesundheitskarten sowie hoheitliche Dokumente.

Es ist unbestritten, dass uns die letzten Jahrzehnte hinsichtlich technologischer Weiterentwicklung und Standardisierung riesige Schritte voran gebracht haben, die in den 70er oder 80er Jahren des vergangenen Jahrhunderts kaum vorstellbar gewesen wären. Dennoch ist einer – und vielleicht auch der größte – Wunsch, nämlich die intensive Nutzung von Smartcards zur digitalen Signatur und Authentisierung bisher nicht Realität geworden.

Die Frage nach (Hardware basierter) Zwei-Faktor-Authentisierung ist allerdings noch nie so präsent gewesen wie heutzutage, da zum einen viele Anwender unterschiedlichste Webdienste intensiv nutzen, zum anderen aber fast jeden Tag Fälle von Identitätsdiebstählen und Cyber-Attacken öffentlich werden. Insbesondere in diesem Kontext kommt der Frage des sicheren Identitätsmanagement im Allgemeinen und der Rolle eines Zentralen Diensteanbieters (ZDA) als vertrauenswürdigem Dritten eine besondere Bedeutung zu.

Der vorliegende Beitrag widmet sich dieser Fragestellung mit Hinblick insbesondere auf bestehende und zukünftige Integrations- und Anwendungsszenarien sowie die Rolle des Nutzers als entscheidendes Erfolgskriterium.

K. Nguyen (✉)
10969 Berlin, Deutschland
E-Mail: Kim.Nguyen@bdr.de

© Springer Fachmedien Wiesbaden 2014
U. Bub, K.-D. Wolfenstetter (Hrsg.), *Beherrschbarkeit von Cyber Security, Big Data und Cloud Computing,* DOI 10.1007/978-3-658-06413-6_7

61

Einführung

„Die Chipkarten-Technik dringt in viele Lebensbereiche ein, verändert Gewohnheiten und Verhaltensabläufe, ermöglicht neue Dienstleistungen und gibt dem modernen Menschen ein weiteres Stück Mobilität." Dieser zweifelslos richtige Satz entstammt der Laudatio von Bruno Struif anlässlich der erstmaligen Verleihung des Smartcard-Preises an Jürgen Dethloff, der „Erfinder" der Smartcard und Inhaber des ersten weltweiten Patents für die Smartcard Technologie im Jahre 1994.

Rückblickend – nach fast zwanzig Jahren – ist zu konstatieren, dass in der Tat in vielen Anwendungsszenarien Chipkarten heutzutage eine unverzichtbare Rolle spielen. Das zahlenmäßig prominenteste Beispiel dafür ist wahrscheinlich die SIM-Karte: Anfang 2013 sind rund 7,4 Mrd. Stück im Einsatz. Man kann also zu Recht von einem Siegeszug der Chipkarten-Technologie sprechen und in diesem Sinne feststellen, dass Bruno Struifs Vorhersage eingetroffen ist.

Eine der großen Hoffnung aus den frühen Jahren der Chipkarten-Technologie, dass deren Einsatz auch den privaten Bereich von Kommunikation und Geschäftsverkehr mithilfe der digitalen Signatur revolutionieren würde, hat sich bis heute allerdings nicht bewahrheitet.

Zukünftig ergeben sich durch die mittlerweile in großer Breite vorhandene IT-Infrastruktur neue Herausforderungen im Hinblick auf Token-Anwendung und -Integration.

Einerseits bieten sich hierbei durch eine rasant steigende Nutzungsfrequenz von Anwendungen im Netz neue und höchst interessante Anwendungsfelder für Smartcards, andererseits muss neben der Technologiedominanz der Nutzersicht eine größere Bedeutung eingeräumt werden, damit Token sich auch in neuen Anwendungsszenarien etablieren können.

Verfügbarkeit und Präsenz von IT-Technologien – gestern und heute

Aus heutiger Sicht kann die Versorgungssituation mit IT-Technologien und -Dienstleistungen kaum mit der von vor 20 Jahren, vielleicht nicht einmal mit der von vor fünf Jahren adäquat verglichen werden.

Die heutigen Smartphones – und es ist ja schon ein Problem, bei einer Vertragsverlängerung KEIN Smartphone zu erhalten – verfügen über größere Systemressourcen an Speicher und Rechenkapazität sowie Vielfalt an unterstützten Schnittstellen, als dies PCs vor zehn oder gar 20 Jahren zur Verfügung stellen konnten.

Zudem setzen die neuen mobilen Geräte nicht nur hinsichtlich einer stets verfügbaren Internetanbindung, sondern auch hinsichtlich der Fokussierung auf Usability und Applikationen, neue Maßstäbe. Für die Anwender steht hierbei – vielleicht zum ersten Mal in der flächendeckenden Nutzung von IT – die Applikation und nicht die unterliegende Technologie im Vordergrund.

An der zukünftig flächendeckenden Verwendung von Smartphones und Tablets als universeller Transaktionskanal besteht kein Zweifel, selbst wenn auch stationäre PCs in bestimmten Nutzungsszenarien weiterhin Bestand haben werden. Damit ist klar, dass sich mobile Geräte künftig als primärer elektronischer Kommunikationskanal etablieren und damit ein Zugangsinstrument für vielfältige Dienstleistungen werden.

Die oben erwähnte Fokussierung auf Applikationen bzw. Lösungen bedingt zudem ein Umdenken hinsichtlich der Integrationsstrategie im Umfeld der Zwei-Faktor -Authentisierung. Eine Token basierte Authentisierung wird sich nur dann behaupten können, wenn eine tiefliegende Integration dieser Mechanismen in die unterliegenden Betriebssysteme bzw. Applikationen gewährleistet ist. Der bisher übliche Integrationsweg (Installation einer Middleware-Komponente und eines Lesegeräts) ist Nutzern, die in einer applikationsfokussierten IT-Welt groß geworden sind, kaum zu vermitteln und in vielen Anwendungsszenarien auch technisch gar nicht mehr umsetzbar.

Immerhin ist zu konstatieren, dass Smartphones und Tablets jedoch bis heute in Bezug auf die Datensicherheit als sehr unsicher zu bezeichnen sind. Gleichzeitig stellen die Nutzer gerade bei wichtigen und damit kritischen Dienstleistungen, die sie über den mobilen Kanal abwickeln wollen, hohe Ansprüche an Sicherheit und Verbindlichkeit.

Der Anspruch der Nutzer ist Chance und Herausforderung für die nächste Generation an Signaturkarten und Authentisierungstoken und damit deren Hersteller. Gelingt es diesen, ihre Produkte an die mobile Welt in einer Form anzupassen, die es erlaubt, Sicherheit und Verbindlichkeit zu etablieren, so können sie auch die zukünftigen Bedürfnisse der Nutzer befriedigen und damit von der zu erwartenden Marktentwicklung profitieren.

Unsere Technologie – Ihr Problem

Grundsätzlich ist das Angebot von Sicherheitsfirmen in der IT geprägt von Softwaremodulen (z. B. Antiviren-Software oder Kryptographie-Software), Hardwarekomponenten (z. B. Kartenleser oder Firewall) zumeist in Verbindung mit Chipkarten oder anderen Authentisierungstoken.

Das heutige Angebot lautet also weiterhin: „Technologie!" und nicht „Funktion/Lösung". In diesem Modell kennt der potentielle Käufer sein Problem und beschafft die zur Lösung notwendige Technologie bei den entsprechenden Anbietern.

So ist es aus Sicht der Anbieter von IT-Sicherheitslösungen wichtig und ausreichend, als Lieferant bestimmter Technologien wahrgenommen zu werden.

In diesem Szenario wird der Nutzer letztlich mit der Bereitstellung der endgültigen Lösung allein gelassen, er und nicht der Anbieter ist der Lösungslieferant – der Anbieter stellt eigentlich nur einen Technologiebaukasten zur Verfügung.

Betrachtet man dagegen die sich in den letzten Jahren dramatisch entwickelnde mobile Nutzung, so ist diese auf Basis von Betriebssystemen wie iOS oder Android geprägt von Apps, die der Nutzer zur Auflösung einer bestimmten Problemsituation herunterlädt. Der prinzipielle Unterschied zur „konventionellen" Nutzungssituation besteht also im Wesentlichen darin, dass komplette Funktionsbausteine zur Verfügung stehen.

Für die Akzeptanz Token-basierter Verfahren heißt dies im Umkehrschluss:

Nicht die eigentliche Nutzung des Tokens, sondern die Integration des Tokens in einen größeren Funktionszusammenhang ist entscheidend. Technologisch bedeutet dies, dass prinzipiell eine serverbasierte Bereitstellung der erforderlichen Middleware oder anders formuliert, die servergestützte Bereitstellung von Funktionskomponenten statt der Installation einer wie auch immer gearteten Middleware im Vordergrund stehen muss.

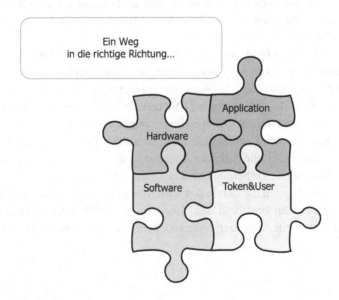

Vom Zertifikatsprovider zum Identitätsprovider – neue Chancen für Trustcenter

Die Nutzung von Token in Anwendungsszenarien ist ohne eine entsprechende Zertifikatsinfrastruktur undenkbar, insofern schließt die oben ausgeführten Funktionen einen Zentralen Diensteanbieters (ZDA) automatisch mit ein.

Technisch reduziert sich die Betrachtung meistens auf die Frage: „Wo kommt das Zertifikat her". Denn derzeit reduziert sich die Sichtweise auf die Leistungen eines ZDAs zumeist genau darauf. Dies ist natürlich technisch richtig, denn kryptographisch reduziert sich der Authentisierungs-/Signaturmechanismus natürlich auf den korrekten Einsatz des entsprechenden kryptographischen Schlüssel- und Zertifikatsmaterials. Aus Anwendungssicht ist dies allerdings nicht die alleinige Wahrheit, sondern vielmehr muss sowohl der Anwendungskontext als auch der gesamte Prozess betrachtet werden, um zum Kern des Themas vorzudringen.

Das Zertifikat, das ein ZDA ausgibt, ist zum einen ein digitales Objekt, das in einem technischen Kontext genutzt werden kann. Dieses digitale Objekt kann aber jeder – technisch Versierte – selbst erzeugen, in dem er sich geeignete Software, die zum Teil sogar als freie Software verfügbar ist, installiert und eine eigene Certification Authority (CA) aufsetzt. Was unterscheidet diese Zertifikate aber nun von denen, die von ZDAs ausgegeben werden?

Der wesentliche Unterschied ist in der Tat ein nicht technischer, der daher in den meisten technisch geführten Diskussionen keine Beachtung findet:

Das Zertifikat stellt viel mehr dar als ein digitales Objekt (dies ist lediglich die derzeit bekannteste Darreichungsform). Es ist das Resultat eines Prozesses, der im Kern eine konventionelle Identität aufnimmt (zum Beispiel eine Personenidentität in Form eines Personaldokuments) und in ein anderes Format umwandelt (zum Beispiel in ein digitales Zertifikat).

Der eigentliche Wert der ZDA-Dienstleistung im Kontext der Token-basierten Absicherung von Anwendungen liegt damit vor allem in der Vertrauenswürdigkeit der Prozesse und der damit verbundenen Qualität der transformierten Daten sowie in der Vertrauenswürdigkeit der unterliegenden Infrastrukturelemente (z. B. Verzeichnisdienste).

Eine etwas andere Sicht auf die Prozess-Schritte ...

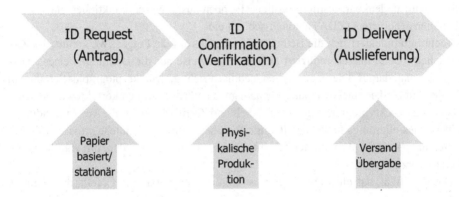

Nur auf Basis eines solchen vertrauenswürdigen Ökosystems ist letztlich eine Integration von Token in Anwendungen möglich, die dem Diensteanbieter die Verifikation der Identität des Nutzers nachhaltig ermöglicht und absichert.

Unterschiedliche Transaktionen haben typischerweise eine unterschiedliche Werthaltigkeit, daher ist es zwingend notwendig, dass ein Identifikations-Ökosystem dies in Form von unterschiedlichen Vertrauensniveaus berücksichtigt. Ein Termin beim Notar erfordert auch in der analogen Welt der Identifikation die Vorlage und Prüfung eines klassischen hoheitlichen Ausweisdokuments, während der Besuch im Fitnessstudio auf Basis einer Mitgliedskarte erfolgen kann. Diese Bandbreite – die der Nutzer kennt und täglich nutzt – muss ihm auch in der digitalen Welt zur Verfügung stehen.

Schließlich sind auch unterschiedliche Bereitstellungsszenarien zu betrachten:

Während in der „klassischen" Trustcenterwelt die wesentliche Dienstleistung derzeit in der Bereitstellung eines Zertifikats auf einem geeigneten Trägermedium besteht (insbesondere Chipkarte), kann in den genannten Anwendungs- und Integrationsszenarien auch die eigentliche Identifikationsleistung und die direkte Bereitstellung einer bestätigten Identität das Mittel der Wahl sein.

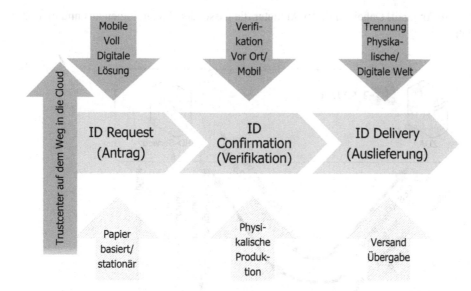

Damit rücken neben dem eigentlichen Authentisierungstoken auch die Rolle des ZDAs als Identity Provider sowie Nachladeszenarien auf unterschiedliche Token in den Vordergrund und öffnen zugleich neue und attraktive Geschäftsfelder für ZDAs.

Anwendungszentriertheit vs. Technologiezentriertheit

Nutzer benötigen eine Funktionalität oder eine Information zu einem bestimmten Moment und möchten daher auch nur in diesem Moment dieses Problem geistig bearbeiten. Beispiel: „Ich möchte diesen Artikel entwerfen – also benötige ich ein Textverarbeitungsprogramm!"

Wie bereits eben ausgeführt laden Nutzer in der mobilen Smartphone-Ära jederzeit verfügbare Apps mit der gerade benötigten Funktion herunter – nicht Technologie, beladen mit langen Erklärungen zu Sicherheit, riesigen Funktionsumfang oder Anzahl der Entwicklungsjahre der Software. Nein, es wird vielmehr möglichst eine einzige, verständliche Funktion zur Lösung des eben aufgetauchten Problems gesucht (möglichst mit vielen Sternen in der Nutzerwertung).

Die oft komplexen Funktionszusammenhänge, die sich hinter den – oft sehr einfach anmutenden – Apps verbergen, sind für den Nutzer nicht transparent, ebenso wenig die umgesetzten Sicherheitsfunktionalitäten. Der Nutzer erwartet schlichtweg eine praktikable Integration aller benötigten Funktionalitäten sowie die erforderlichen Sicherheit im Hintergrund.

Anbieter von Morgen bieten also sinnvollerweise Lösungen an, die der Problemstellung des Nutzers hinsichtlich Funktionalität und Sicherheit angemessen sind. Idealerweise erfolgt dies „on Demand", was bedeutet, der Anbieter kennt das Problem und löst es mit seinem Angebot. Dabei wählt der Anbieter die passenden Technologien aus und nicht der Kunde.

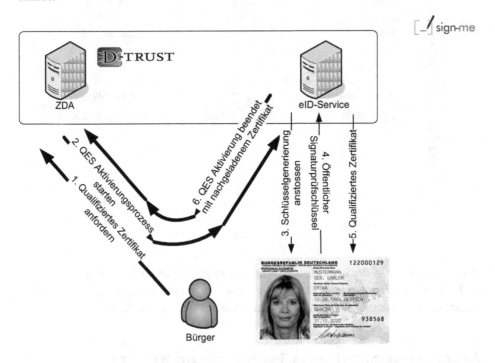

Dieser Ansatz verlangt jedoch vom Anbieter aus ökonomischen Gründen flexible Lösungen für ähnlich gelagerte Probleme. Also lautet eine Frage: wie kann ich eine Lösung anbieten, die verschiedene Umgebungen mit demselben Bedürfnis (Problem) abdeckt?

Hierzu zum Abschluss ein Beispiel aus der Welt der ZDA:

Bereits seit längerem gibt es standardisierte Chipkarten für qualifizierte Signaturen. In Projekten werden dann Karten mit einem anderen Aufdruck oder einem speziellen Chipdesign definiert. Neben den Standardkarten gibt es z. B. welche für die Abfallwirtschaft, Heilberufe, die elektronische Gesundheitskarte oder den deutschen Personalausweis.

All diese Karten benötigen Funktionen zum Verschlüsseln und Signieren. Hinzu kommen noch diverse projektspezifische Merkmale.

Hier liegt es nahe, die gemeinsam benötigten Funktionen mit demselben System zu bedienen; also Zertifikate nachzuladen. So kommt das Zertifikat dahin, wo es jeweils gebraucht wird.

Die Weiterentwicklung dieses Gedankens legt nahe, perspektivisch Zertifikate auf jeden sicherheitstechnisch geeigneten (Schlüssel-)Träger nachzuladen, der für die Sicherheit des privaten Schlüssels angemessen sorgen kann, also beispielsweise auch auf bestimmte SIM-Karten oder andere Hardware-Module bzw. Secure Elements.

Die Grenzen zwischen Sicherheitsanbietern und anderen Branchen verschwimmen so zu Lösungsanbietern, denn aus Nutzersicht lautet die Anforderung:

„Gib mir die Möglichkeit, diese Datei zu signieren und zu verschlüsseln und wähle die passende Technologie, so dass ich das JETZT tun kann!"

Unterschrifts-Prozess aus Sicht der Nutzers

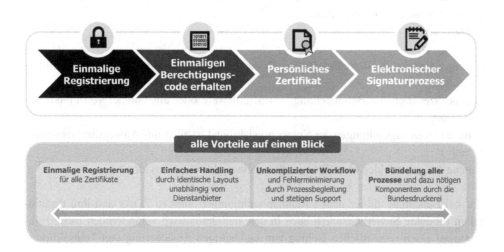

Unterschrifts-Prozess aus Sicht von Behörden und Firmen

Fazit und Ausblick

Neben der kontinuierlichen technischen und sicherheitstechnischen Weiterentwicklung müssen sich ZDAs und ihre klassischen Produkte Signaturkarten und Authentisierungstoken –insbesondere mit der immer größer werdenden Verbreitung mobiler Geräte – ganz neuen Herausforderungen stellen.

Diese sind:

- neue Szenarien der Tokenintegration abseits der bisher vorherrschenden Reader-Infrastruktur
- neue Szenarien der Bereitstellung von Middleware oder allgemeiner von Funktionsblöcken
- neue Erwartungshaltungen der Nutzer hinsichtlich Usability und Anwendungszentriertheit
- neue Aufgabenfelder von ZDAs im Sinne eines „Identity Providers"

Nur bei Beachtung dieser neuen Rahmenbedingungen können ZDAs und ihre traditionellen Produkte Sicherheitstoken auch in den sich dramatisch verändernden Einsatzumgebungen einen wesentlichen Beitrag zur nachhaltigen Absicherung von Transaktionen leisten.

Kim Nguyen studierte Mathematik und Physik an den Universitäten Göttingen und Cambridge (UK). 2010 promovierte er an der Universität-GH Essen im Bereich Zahlentheorie und Kryptographie. Seit 2004 ist er für die Bundesdruckerei GmbH in Berlin tätig (derzeit als Chief Scientist Security). Seit Juni 2012 ist er zusätzlich Mitglied der Geschäftsführung der D-Trust GmbH.

Smart Card Token und Smart Card Services mit dem Kartenbetriebssystem TCOS

8

Friedrich Tönsing

Mein Name ist Friedrich Tönsing. Ich komme von der T-Systems, der Geschäftskunden-sparte der Deutschen Telekom, und verantworte dort u. a. das Smart Card Geschäft. Im Rahmen dieser Konferenz möchte ich etwas zum Thema Smart Cards vortragen.

Smart Cards sind ein integraler Bestandteil des Security Portfolios der T-Systems und damit des Konzerns Deutsche Telekom. Hinweisen möchte ich aber darauf, wg. meiner Verantwortung für das Smart Card Geschäft innerhalb der T-Systems aus einer Smart-Card-Brille auf die Welt zu blicken. Andere Sichtweisen, gerade in dem Konzern, den ich vertrete, sind auch möglich, aber, man möge es mir verzeihen, nicht unbedingt von mir zu erwarten.

In meinem Vortrag möchte ich wie folgt vorgehen. Ich möchte erläutern, wozu und wa-rum überhaupt Smart Cards. Dann werde ich eine Übersicht zu Smart Card Token geben. Im Abschnitt „Realisierung" zeige ich Ihnen, wie eine Umsetzung von Kartenprodukten und -projekten, zumindest bei uns, erfolgt. Unsere Plattform, d. h. unser Kartenbetriebs-system TCOS, auf der unsere Kartenprodukte und -projekte beruhen, werde ich Ihnen kurz vorstellen. Sie erhalten einen Einblick in unsere Standardkarten, die bei Big Data und Cloud-Anwendungen als Identifikations- und Authentifikations-Lösungen, als Träger von digitalen Identitäten, eingesetzt werden können. Abschließen möchte ich mit nächsten Schritten im Kartengeschäft, wie wir sie sehen.

Warum Smart Cards? Im täglichen Leben haben wir zu tun mit Passwörtern, User-ID, Münzen, Gutscheinen, Konten für Bonuspunkte, Fahrscheine für Zug, Parken, Eintritt, Verschreibungen und Rezepte, Sicherer Datenspeicher, Fahrzeugschein/Führerschein, Fahrtenbuch, händische Unterschriften, usw. Alles das lässt sich durch eine Chipkarte er-setzten.

F. Tönsing (✉)
64295 Darmstadt, Deutschland
E-Mail: Friedrich.Toensing@telekom.de

© Springer Fachmedien Wiesbaden 2014
U. Bub, K.-D. Wolfenstetter (Hrsg.), *Beherrschbarkeit von Cyber Security,*
Big Data und Cloud Computing, DOI 10.1007/978-3-658-06413-6_8

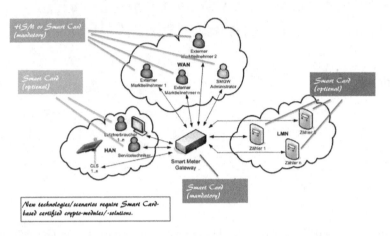

Abb. 8.1 TCOS Smart Cards

Mit einer Karte lassen sich diverse Lösungen realisieren. Hier habe ich mal ein Bündel aufgefächert:

Kundenbindung, Elektronische Brieftasche, Mobilfunkkarte, Gleitzeitkarte, Zutrittskarte, Elektronisches Ticketing, und vieles Mehr.

Es gibt Szenarien/Use Cases/Systeme, die sicherheitskritisch sind, so dass durch den Regulierer ein Sicherheitsrahmen (durch Protection Profile und Technische Richtlinien) vorgegeben wird, die den Einsatz von Sicherheitsmodulen, in der Regel Smart Cards, verlangen.

Ein solches System ist in einem der vorhergehenden Vorträge behandelt worden, nämlich Smart Metering. Die Sicherheit wird dort in einem Sicherheitsmodul im Smart Meter Gateway konzentriert. In weiteren Komponenten der Smart Metering-Systemlandschaft ist der Einsatz von Sicherheitsmodulen optional vorgesehen.

Hintergrund

Seit dem 01.01.2010 müssen nach dem dritten EU-Binnenmarktpaket und der entsprechenden Ausgestaltung EnWG neue Gebäude in Deutschland nach dem EnWG mit „intelligenten" Zählern ausgestattet sein. Primäres Ziel ist es, ein Energiemanagement zu unterstützen und mittelfristig Einsparungen zu erzielen.

Anforderungen aus der Sicherheitsperspektive

Ein intelligentes Energiemanagement erlaubt ein Monitoring und ein Profiling von Haushalten. Gleichzeitig kann die Manipulation von Messdaten zu hohen finanziellen Verlusten bei den Energielieferanten führen. Ein intelligentes System muss daher hohen Standards

in Bezug auf Vertraulichkeit, Authentizität der Daten, Integrität der Daten und Nachvoll-
ziehbarkeit der Datenerhebung genügen.

Vorgehen in Deutschland

Das Bundesamt für Sicherheit in der Informationstechnik hat in den Jahren 2010 bis 2012
an Schutzprofilen für das zentrale Smart Meter Gateway und das *obligatorisch* einzubau-
ende Sicherheitsmodul gearbeitet und eine Technische Richtlinie für Metering Systeme
herausgegeben (TR-03109). Die Vorgaben des BSI bestehen aus einen Vielzahl von einzelnen Dokumenten die verpflichtend ab dem 01.01.2013 gelten.

Nach aktueller Rechtslage sind Neubauten, generalsanierte Altbauten sowie Haushalte
mit Energieerzeugern (BHKW, Fotovoltaik) oder einem Verbrauch von über 6000KWh/a
verpflichtend mit den entsprechenden BSI-konformen Gateways auszustatten. Derzeit
wird im Rahmen einer Kosten Nutzen Analyse geprüft, ob sich die 6000KWh-Grenze
noch weiter senken sollte. Die gesamte Dokumentation umfasst deutlich mehr als 1000
Seiten und ist seit dem 18.03. frei im Internet verfügbar.

BSI-Vorgaben für das System

Das Bild 2 zeigt die Vorstellung des BSI, wie das Smart Metering System in Zukunft aus-
sehen soll.

Zentrale Komponente ist das Smart Meter Gateway, das die angeschlossenen Systeme
LMN, WAN und HAN voneinander trennt und verschiedene Funktionen in den Systemen wahrnimmt. Obligatorisch ist in dieses Gateway ein **Hardware Sicherheitsmodul**
zu integrieren, das für die asymmetrischen kryptographischen Operationen zuständig ist
und die entsprechenden Schlüssel sicher speichert. Zusätzlich sind zwei Public-Key-Infra-
strukturen für die Kommunikation mit dem Gateway (SM PKI) und im Hintergrundsys-
tem (KOM-PKI) aufzubauen.

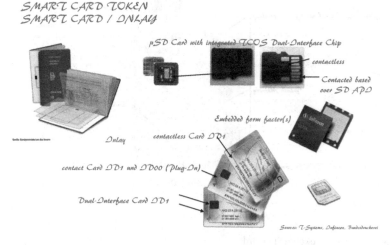

Abb. 8.2 Smart Card Token

Im Folgenden möchte ich Ihnen einen Überblick über Smart Card Token geben, und zwar zu den verschiedenen Formfaktoren, den unterschiedlichen Kommunikationsvarianten und dabei einige Einsatzbeispielen, mit den wir uns auseinandersetzen, vorstellen.

Darstellung der verschiedenen Formfaktoren von Smart Cards (siehe Bild2)
- Contact Card ID1
- Contact Card ID000 (Plug-in, SIM-Format)
- Contactless Card ID1
- Dual-Interface ID1
- Embedded Form Factor(s)
- Inlay (wie im ePASS/nPA)
- microSD mit integriertem TCOS Dual-Interface Chip.

microSD-Karte (siehe Bild 3)
- TCOS Smart Card
- Flash Memory – zum Speichern und gesicherten Speichern von Daten (gesteuert über TCOS Smart Card)
- Controller zur Zugriff auf Flash Memory und TCOS Smart Card
- Zugriff auf MicroSD-Karte über externe Schnittstelle (und Treibersoftware im Endgerät)
- Direkter Zugriff auf TCOS Smart Card mittels SD-Kartenschnittstelle und kontaktlosen ISO14443-Schnittstelle.

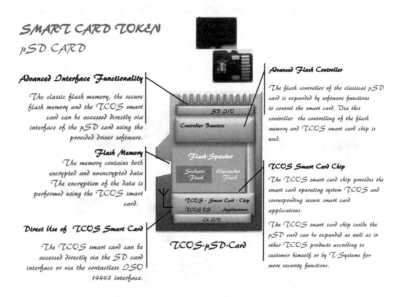

Abb. 8.3 Smart Card Token/μSD Card

- Solche microSD-Karten werden in SIMKo3, dem Sicherheitsmobiltelefon der T-Systems eingesetzt. Mit diesem durch das BSI zugelassenen Gerät ist derzeit im Public-Umfeld eine gesicherte Daten- und Sprachkommunikation möglich. Eine Erweiterung wird auch die Sprachkommunikation sichern nach dem Standard SNS ol Sichere Netzübergreifende Sprachkommunikation des BSI.

Smart Card Token
Embedded Token

Embedded Token
- *Embedded Smart Card Token with integrated Smart Card Technology.*
- *Smart Card Operating System TCOS*
- *Smartcard Services*
  - *Online Initialisation*
  - *Online Personalisation*
  - *Online Life Cycle Management*

Operational Area
- *e.g. Smart Energy*

Abb. 8.4 Embedded Token

Smart Card Token
SDM Based Security

SDM Based Security
- *The Mobile Wallet (myWallet) of the SDM card is used to emulate the TCOS functionality.*
- *The TCOS application must be managed by a secure lifecycle management process on the SDM card.*
- *Security of mobile wallet must be guaranteed.*

Operational Area
- *The pilot DT mobile access has shown in the first steps that such a solution is feasible and usable.*

Abb. 8.5 SDM Based Security

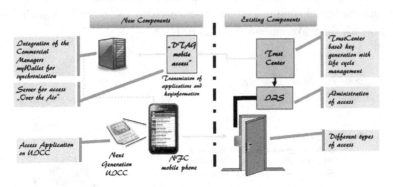

Abb. 8.6 Mobile Access

Embedded Token (siehe Bild 4)

Eine der neuesten Formfaktoren bei Smart Cards sind eingebettete Token mit integrierter Smart Card Technologie, dabei auch mit Einsatz des Kartenbetriebssystems TCOS. Da eingebettet, d. h. bei Produktion schon in Komponenten fest integriert, ist das klassische Initialisieren und Personalisieren während einer (lokalen) Kartenproduktion nicht mehr möglich, sondern Online Initialisierung, Personalisierung und Life Cycle Management im Feld ist vonnöten. Solche embedded token sollen z. B. bei Smart Metering in den Smart Meter Gateways eingesetzt werden.

SIM Based Security (siehe Bild 5)

Einsatz von Smart Cards als SIM-Karte in mobilen Endgeräten. Mobile Endgeräte mit einer Mobile Wallet, d. h. einer virtuellen Geldbörse zum Aufnehmen von virtuellen Karten, deren Sicherheit auf die SIM abgestützt wird.

Virtuelle Karten

Virtuelle Karten als Payment-Karten, Bonuskarten, aber auch: TCOS Funktionalität (wie Zutritt/Access, OTP, Sign./Verschl.) virtuell realisieren, wie im Piloten Mobile Access der Deutschen Telekom getan.

Gebäudezutritt mit dem Handy – TCOS Zutrittsanwendung auf der SIM-Karte (siehe Bild 6)

Innerhalb des Konzerns Deutsche Telekom sind nahezu alle Bürogebäude mit einem elektronischen Zutrittskontrollsystem ausgestattet. Bisher werden die erforderlichen Zutrittsberechtigungen auf Chipkarten wie dem Unternehmensausweis oder der MyCard (so heißt die Company Card im Telekom-Konzern) gespeichert. Die MyCard ist zur sicheren Verwaltung der Zutrittsberechtigungen mit dem Betriebssystem TCOS ausgestattet.

In Zukunft wird eine flächendeckende Verbreitung von NFC-fähigen Mobiltelefonen erwartet. Wie die MyCard bieten diese Mobiltelefone die Möglichkeit, die Zutrittsberechtigungen zu speichern und über die kontaktlose „Near Field Communication (NFC)"-Schnittstelle an den herkömmlichen Kartenlesern zum Zutritt zu verwenden. Das Thema Sicherheit ist bei diesen NFC-Services von großer Bedeutung.

Daher war es Ziel des Konzern Einheiten übergreifenden Projektes „DT Mobile Access" die Realisierbarkeit einer sicheren Zutrittsanwendung auf einem NFC-fähigen Mobiltelefon zu demonstrieren. In einem ersten Schritt wurde die auf der MyCard verfügbare TCOS Zutrittsanwendung auf die SIM-Karte des Mobiltelefons übertragen. Mit dem realisierten Prototyp konnten erste Funktionstests an elektronischen Zutrittskontrollsystemen an einigen Standorten des Konzerns durchgeführt werden.

Die mobile Zutrittsanwendung soll Bestandteil des „Mobile Wallet"*) werden. Aktuell wird in einem nächsten Schritt der realisierte Prototyp weiterentwickelt und in die Service Struktur der Telekom integriert. Damit Mitarbeiter zukünftig auch ihr Mobiltelefon zum Zutritt benutzen können.

Über das "Mobile Wallet" sollen in Zukunft sowohl Telekom eigene Dienste als auch Angebote von Dritten angeboten werden. Die Kunden der Telekom müssen zukünftig nur ihr Mobiltelefon an ein Lesegerät halten, um Waren zu bezahlen, Tickets für Veranstaltungen oder den Regionalverkehr zu kaufen, an Bonusprogrammen teilzunehmen oder Zutritt zu Gebäuden zu bekommen.

SMART CARD TOKEN SERVICES

Initialisation
- Initialisation of TCOS based Smart Card Token.
- Initialisation of SIM Application / Mobile Wallet Apps with End to End Security from Trust Center up to the Secure Domain of the Mobile Wallet.
- Initialisation is part of the certification process for certified products and solutions.

Personalization
- Personalisation of Smart Card Token within the Trust Center Production of T-Systems.
- Secure online personalisation of Smart Card Token located in the field.
- Secure Online Personalisation of Mobile Wallet Apps.

Secure Application Store
- Secure Application Store
- Secure Download Service for various Smart Card Tokens.
- Secure Download of Mobile Wallet Apps.

Liffe Cycle Management
- Cardmanagement Services
- Track history of the smart card token
- Activiation / Deactivation
- ...

Abb. 8.7 Smart Card Token Services

Hier noch einmal zusammengefasst dargestellt (siehe Bild 7):

Da eingebettet, d. h. bei Produktion schon in Komponenten fest integriert, ist das klassische Initialisieren und Personalisieren während einer (lokalen) Kartenproduktion nicht mehr möglich, sondern Online Initialisierung, Personalisierung und Life Cycle Management im Feld ist vonnöten. Zusätzlich auch ein Secure Application Store. Eine Mobile Wallet App habe ich bereits vorgestellt, nämlich Mobile Access. Eine weitere ist Mobile Ticketing.

OTA

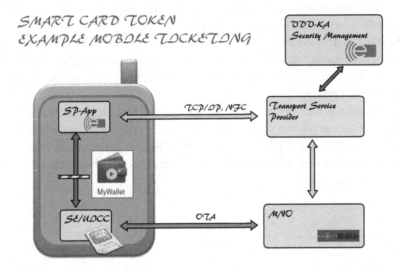

OTA ist eine Technologie, mit dem der Mobile Network Operator „Over-the-air" mit einem SE/einer UICC/einer SIM-Karte kommunizieren kann. Sie ermöglicht dabei u. a. den Download von Applikationen oder das Management der SIM-Karte ohne einen direkten physikalischen Zugriff. Mobilfunk Apps auf Smartphones wie die Provider-App (SP-App, z. B. RMV-App) kommunizieren demgegenüber direkt über TCP/IP mit dem jeweiligen Anbieter, ohne einen direkten Zugriff auf die Sicherheitsfunktionen der UICC zu haben.

Die Anforderungen der VDV-KA nach sicherer Speicherung von Schlüsseln können hier u. a. mittels der myWallet geregelt werden. Diese kann einen begrenzten Zugriff der SP-App auf die entsprechenden Bereiche der UICC ermöglichen.

Zum Verkaufsablauf eines Tickets und den Erfassungsablauf ein paar grundsätzliche Aussagen: Im Prinzip würde der Kauf einer Fahrberechtigung zunächst über die TCP/IP-Verbindung mittels der SP-App erfolgen. Der Transport-Service Provider würde dann das von der KDV-KA erhaltene Schlüsselmaterial durch den MNO mittels OTA auf das SE aufbringen lassen. Der Erfassungsablauf könnte lokal im Mobiltelefon über die myWallet geregelt werden, die einen Zugriff auf die geladenen Schlüssel ermöglicht.

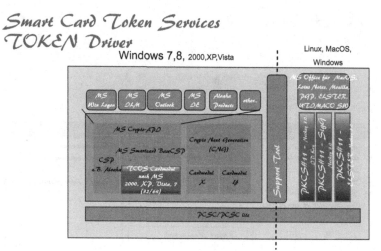

Abb. 8.8 Token Driver

Details ergeben sich dann aus den VDV-KA-Spezifikationen. Konkret heißt das: Das VDV Nutzermedium als VDV Java Applet via OTA in die Mobile Wallet geladen. Kunden möchte konkreten Fahrschein haben. Über VDV App Anzeige der Verbindungen über IP-Kanal, dann Fahrschein/Ticket downloaden in das VDV Nutzermedium in der Mobile Wallet. Nachweis der Berechtigung durch Vorzeigen des virtuellen Tickets über NFC-Schnittstelle dem Kontrolleur mit seiner Kontrollgerät. Konkrete Umsetzung wird gerade in einem kleinen Piloten aufgesetzt.

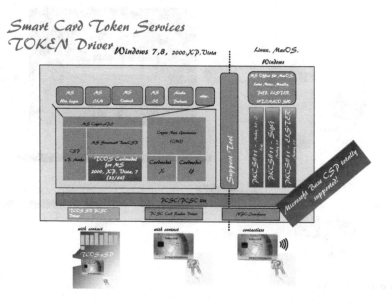

Damit eine Smart Card in unterschiedlichste Umgebungen (Windows, Linux) integriert werden kann, ist eine ganze Landschaft an Kartentreibern bereitzustellen.

TCOS Smart Cards
Phases of Development

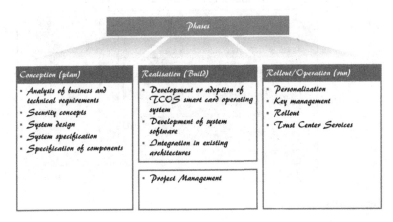

Abb. 8.9 Phases of Development

TCOS Smart Cards
Usecases for Secure LogOn, Encryption, Signature – "Smart Card Ecosystem"

Abb. 8.10 Use Cases

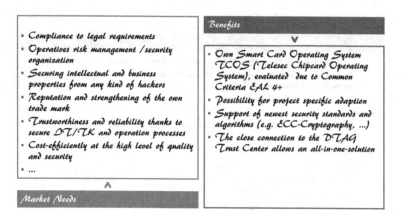

TCOS Smart Cards
Benefits of a TCOS Solution

Abb. 8.11 Benefits

Realisation

Die Bandbreite unserer Kartenentwicklungsprojekte reichen von einer Planphase über eine Bauphase bis hin zu einer Betriebsphase, begleitet durch Projektmanagement. Manchmal werden nicht alle Phasen durchlaufen, z. B. wo nur eine Konzepterstellung vonnöten ist. Für die Schwerpunkte in der Planphase und Entwicklungsphase, siehe Folie.

Schwerpunkte in der Betriebsphase, siehe ebenso Folie. Dort Personalisierung und TC-Dienste. Wie dargestellt ist die klassische lokale Personalisierung durch Online-Varianten zu ergänzen bzw. zu ersetzen.

Ein kurzer Blick auf Use Cases für klassische Sicherheitsfunktionen, die kartengestützt in einem Smart Card Ecosystem über verschiedene Möglichkeiten der Anbindung (USB, Bluetooth, NFC, kontaktbehaftet mit Kartenleser, …) unterstützt und realisiert werden können.

Verschiedene Marktbedürfnisse lassen sich ideal durch eine TCOS Lösung bedienen.

TCOS

TCOS SMART CARDS

TCOS3.0 - TELESEC SMART CARD OPERATING SYSTEM.

BASIC INFORMATION ABOUT THE OS

- *TCOS 3.0 is available on different hardware platforms from the companies NXP und Infineon.*
- *Applications meet the highest security standard - different applications are evaluated and approved in accordance with CC EAL4+*
- *Conformity with the ISO standards 7816*

Protocol
- *T=0, T=1, T=CL, ISO14443 type A and B with 106 ... 848 kBit/s*
- *Extended APDUs according 7816-4*

Cryptography
- *TDES, AES (128, 192 and 256 Bit),*
- *RSA Cryptographic (2048 Bit),*
- *Elliptic Curve Cryptographic (512 Bit):*
- *ECDH - Diffie Hellman key agreement with elliptic curves*
- *ECDSA - DSA signature with elliptic curves*

Einige Key Facts zu unserem Kartenbetriebssystem TCOS. Es ist ein proprietäres Kartenbetriebssystem mit dem Designkriterium Sicherheit. Es ist evaluierbar/zertifizierbar (über 40 Eval.-/Zertifizierungsverfahren erfolgreich absolviert). „HW-Nähe" → in der Regel performanter als JavaCard-Lösungen.

SECURITY OFFERING

TCOS SMART CARD SOLUTIONS

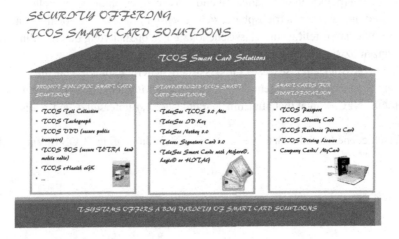

Einige konkrete Beispiele:

- Mehr als 1 Mio Mautkarten
- Mehr als 2 Mio Tachographenkarten (ersetzten mechanischen Fahrtenschreiber)

- Sicherheitsmodule für die VDV KA in den Terminals als Gegenpol zu den VDV KA Tickets
- BOS-Sicherheitskarten
- Über 100 Mio elektronische Ausweise enthalten unser TCOS (elektronische Pässe, elektronische Identity Karten wie der neue Personalausweis in D, elektronischer Aufenthaltstitel)
- Diverse Standardkarten (z. B. die Company Card der Deutschen Telekom)

Einsatz von TCOS Standardkarten als Identifikations- und Authentifikations-Karte in Szenarien wie Big Data und Cloud ist selbstverständlich möglich.

Philosophie

TCOS STANDARD CARDS OUR PHILOSOPHY*)

- Production of high quality cryptographic keys and the secure storing are technological and organizational problems.
- Smart card operating system TCOS is able to store keys securely and to compute the cryptographic algorithms within the chip. Once securely introduced key will never leave the smart card.
- Key Generation
  1. Within the smart card under control of the smart card operating system
  2. For proof of origin a key generator was developed by T-Systems, which can generate verifiably secure key material. Under the eyes of neutral evaluators a system is in place in which the generated key is stored and be introduced via a secure channel in our TCOS smart card.
     - Assigning identifying characteristics to these cryptographic keys creat digital identities .
     - Smart cards with anonymous keys could be pre-produced.
     - On a registration and certification process an anonymous card is e.g. a signature card or a health card.
     - The use of the secret part of a key alone is not unique. The assigned role must be associated with the application of the key. E.G. signature card: Secret Key {hash, Timestamp, Certificate}
     - The number and qualities of anonymous applied keys must be specified.
     - By the exchange of a certificate the user's role can be changed without changing the key!

*) www.telesec.de

Wir sehen die Produktion von hochqualifizierten Schlüsselmaterial sowie Speicherung desselben als technisches und organisatorisches Problem. TCOS kann Schlüssel sicher speichern.

Wo kommt der Schlüssel nun her?

- Erzeugung in der Karte als eine Variante.
- Unsere bevorzugte Variante: Erzeugung im TrustCenter (TC), versehen mit einem „Proof of Origin", womit auch die Qualität des Schlüsselmaterials nachgewiesen werden kann, und das alles entstanden in einer regelmäßig auditierten Umgebung.
- Somit vorbeschlüsselte Karten mit qualifizierten Schlüsselmaterial. Hierauf können andere mit ihrer PKI/TC aufsetzen und diese Schlüssel mit ihren Zertifikaten/Rollen/ Personen verbinden.

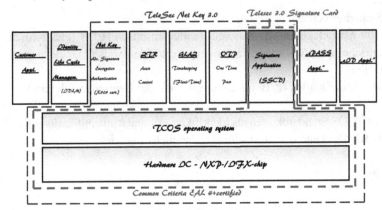

Modellbaukasten für Standardkarten

- HW-Plattform von NXP und IFX
- Unser TCOS Kartenbetriebssystem
- Darauf aufsetzend Kartenapplikation
  - Netkeykarte (Sicherheitsfunktionen, Zeiterfassung, Zutritt, QES)
  - Reine Signaturkarte (eval./ zert.)
  - Kundeneigene Applikation
  - Neu: eID- und ePASS-Modul des nPA (als Prototypen)
  - Oder gar keine Appl. → TCOS Min – Karte

Next Steps

Welche nächsten Schritte sehen wir? Wo geht die Kartenreise hin? Zumindest: wo gehen wir hin?

- Flexibilisierung des Kartenbetriebssystems im Feld (Stichwort Flash-Chips)
  - Veränderung von Daten im Feld
  - Veränderung von Objektsystemen (Begriff aus der eGK-Spezifikation), d. h. Veränderung von Applikationen.
  - Komplettes Kartenbetriebssystem „updaten"
    - wobei das Zertifikat der Lösung erhalten bleiben soll!!!
  - Hierüber wird z. B. im Ausweissysteme-Bereich nachgedacht.

Konzepte, die teilweise in der Mobilfunkwelt bei SIM-Karten (d. h. JavaCards) bekannt sind

Ich habe von unseren Piloten/Projekten zu Mobile Access und Mobile Ticketing berichtet. Da war ja die konkrete Aufgabenstellung, ein entsprechendes Mobile Wallet App „Mobile Access" im Mobile Access – Fall bzw. ein Mobile Wallet App „VDV Nutzerme-

Security Offering
Smart Card ECO System

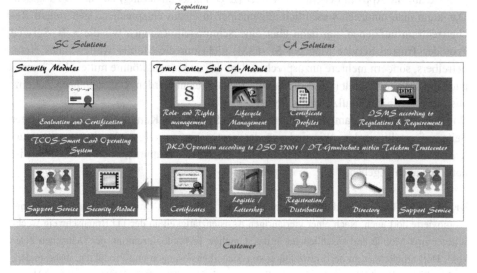

Abb. 8.12 Smart Card Eco System

TCOS SMART CARDS
REFERENCE PASSPORT

CHALLENGE
- *With (EC) No. 2252/2004 the European Commission has committed the member states to introduce new passports for all citizens.*
- *Development and supply of smart cards to be embedded into the passports for secure identification using biometrics.*

SOLUTION
- *T-Systems developed TCOS Passport for the use of biometric attributes in passports.*
- *TCOS Passport has been Common Criteria EAL4+ evaluated and certified on hardware platforms according to BSI-PP-0017 and BSI-PP-0026.*
- *TCOS Passport is a high-security operating system, which is internationally applicable and fulfills the requirements of the EU.*
- *TCOS Passport is used in Germany, Spain, Hungary, Switzerland and various other countries in Europe, Asia and America.*

Abb. 8.13 ePassport

dium" zunächst zu entwickeln, dann auf sicheren Wege in die Mobile Wallet des mobilen Endgerätes zu transportieren (via Mobilfunkdienst OTA) und dann Smart Card Token Dienste auf die Apps in der Mobile Wallet (z. B. Personalisierung) ausführen zu lassen. Das kann man natürlich wesentlich allgemeiner in einem entsprechend gehärtetem Rechenzentrum aufziehen, um dann über eine Schnittstelle (nennen wir die z. B. Service Provider Trusted Service Manager SP-TSM) nicht nur die Mobile Wallets eines Netzbetreibers, sondern mehrere anzusprechen. Um das zu krönen, könnte mittels IP-Channel auch die übliche IP-Welt (sogar die mobile Welt) erreicht werden. Das sieht nach Zukunft aus, liegt aber nicht in allzu weiter Ferne.

Wie angedeutet kann damit ein Smart Card Eco System aus Kartenseite und Trust Center Seite aufgestellt werden. Wir sind von der Kartenseite so aufgestellt, dass unser natürlicher Partner das Trust Center der TSI ist, aber eine Zusammenarbeit mit anderen ist natürlich auch gegeben.

Dr. Friedrich Tönsing studierte Mathematik an der Technischen Universität Braunschweig und promovierte dort auch. Nach einer vierjährigen Assistenztätigkeit an der TU Braunschweig wechselte er zu T-Mobile und anschließend in das damalige Technologiezentrum der Deutschen Telekom. Dort arbeitete er an der Entwicklung von Sicherheitslösungen und Produkten, insbesondere im Mobilfunk. Friedrich Tönsing ist Abteilungsleiter bei der T-Systems International GmbH und verantwortet dort die Gebiete Smart Cards, insbesondere das Kartenbetriebssystem TCOS, Security Engineering und Sicherheitsprodukte und -lösungen.